Lambacher Schweizer

Kompakt

Klassen 9/10

bearbeitet von
Dorothee Landwehr

Ernst Klett Verlag
Stuttgart · Leipzig

Bildquellen
U1.1 Corbis (Diego Lezama Orezzoli), Düsseldorf; **U1.2** Getty Images (Stone / Jody Dole), München; **U1.3** Getty Images RF (PhotoDisc / Reese), München; **U1.4** Getty Images (Neleman), München; **36** Bildagentur-online (Th-foto), Burgkunstadt; **41** Klett-Archiv (Simianer & Blühdorn), Stuttgart; **43** Getty Images (Stone / Quadrant Picture Lib), München

Sollte es in einem Einzelfall nicht gelungen sein, den korrekten Rechteinhaber ausfindig zu machen, so werden berechtigte Ansprüche selbstverständlich im Rahmen der üblichen Regelungen abgegolten.

1. Auflage 1 7 6 5 4 3 | 2020 19 18 17 16

Autoren: Manfred Baum; Martin Bellstedt; Dr. Dieter Brandt; Heidi Buck; Prof. Rolf Dürr; Detlef Dornieden; Christina Drüke-Noe; Hans Freudigmann; Inga Giersemehl; Dieter Greulich; Prof. Dr. Heiko Harborth; Dr. Frieder Haug; Edmund Herd; Thomas Jörgens; Thorsten Jürgensen-Engl; Andreas König; Prof. Dr. Detlef Lind; Rolf Reimer; Wolfgang Riemer; Reinhard Schmitt-Hartmann; Ulrich Schönbach; Raphaela Sonntag; Heike Spielmanns; Michael Stanzel; Andrea Stühler; Dr. Peter Zimmermann

Bearbeitung: Dorothee Landwehr, Köln
Redaktion: Wilfried Lorenzen, Heike Thümmler

Illustrationen: Uwe Alfer, Waldbreitbach; Jochen Ehmann, Stuttgart; imprint, Zusmarshausen; Christine Lackner-Hawighorst, Ittlingen; topset Computersatz, Nürtingen
Bildkonzept Umschlag: Soldankommunikation, Stuttgart
Titelbild: Corbis; Getty Images
Reproduktion: Meyle + Müller, Medien Management, Pforzheim
Satz: imprint, Zusmarshausen
Druck: Druckhaus Götz GmbH, Ludwigsburg

Printed in Germany
978-3-12-734395-3

9 783127 343953

Inhaltsverzeichnis

Liebe Schülerin, lieber Schüler,

dieses Heft soll dir helfen, wichtige Themen, die du im Mathematikunterricht der Klassen 9 und 10 kennengelernt hast, nachzuschlagen. So kannst du Begriffe, Zusammenhänge und Verfahren, die du vergessen hast oder nicht mehr sicher beherrschst, schnell finden und wiederholen.
Im Lambacher Schweizer Kompakt ist jedes Thema auf einer Seite beschrieben. Meist führt ein kurzer Lehrtext in das Thema ein. Die wichtigsten Lerninhalte sind in einem Merkkasten zusammengefasst. Die nachfolgenden Beispiele zeigen typische Aufgabenstellungen zu dem jeweiligen Thema mit einem Vorschlag, wie man diese Aufgaben lösen könnte. Dabei werden manchmal in *kursiver Schrift* hilfreiche Hinweise gegeben, die aber nicht zur Darstellung der Lösung gehören.

Wenn du zum Beispiel nicht mehr sicher bist, was der Tangens ist, so kannst du folgendermaßen vorgehen.
1. Schlage im alphabetisch geordneten Register (Seite 79 – 81) das Wort Tangens nach.
2. Hinter dem Wort Tangens steht die Zahl 21. Dies ist die Seitenzahl, auf der du Informationen über den Begriff Tangens findest.
3. Schlage diese Seite auf. Dort findest du eine Erklärung, was der Tangens ist und wozu er benötigt wird.
4. In den Beispielen wird gezeigt, wie man mit dem Tangens rechnet.

Versuche zunächst, die Aufgaben alleine zu lösen und vergleiche dann mit den Lösungen im Buch.

Wir wünschen dir bei der Arbeit mit dem Lambacher Schweizer Kompakt viel Spaß und Erfolg.

I Ähnliche Figuren – Strahlensätze

1 Vergrößern und Verkleinern von Figuren – Ähnlichkeit

Um zu erkennen, was sich beim Vergrößern oder Verkleinern einer Figur ändert und was unverändert bleibt, wird im Folgenden ein Dreieck und seine Vergrößerung betrachtet.

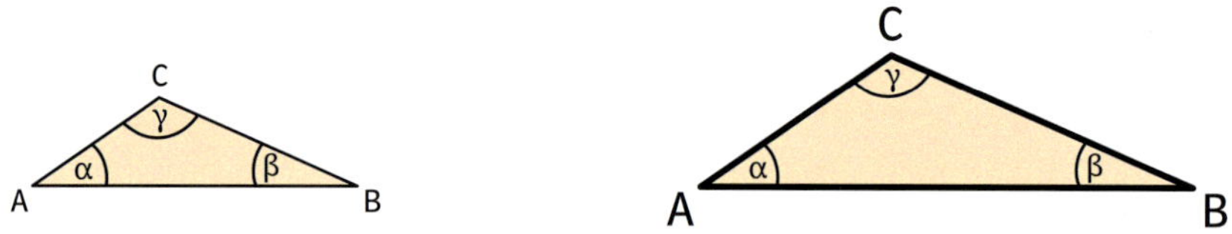

Die Winkelgrößen wurden durch das Vergrößern nicht verändert, nur die Seiten sind länger geworden. Misst man die Längen der Seiten, so wird ein Zusammenhang deutlich.

Bei einem Vergrößerungsfaktor größer 1 ergibt sich eine Vergrößerung.
Bei einem Vergrößerungsfaktor zwischen 0 und 1 ergibt sich eine Verkleinerung.

	$\overline{AB}$	$\overline{BC}$	$\overline{AC}$
kleines Dreieck	3 cm	2 cm	1,4 cm
großes Dreieck	4,5 cm	3 cm	2,1 cm
Längenverhältnis	4,5 cm : 3 cm = $\frac{3}{2}$ = 1,5	3 cm : 2 cm = $\frac{3}{2}$ = 1,5	2,1 cm : 1,4 cm = $\frac{3}{2}$ = 1,5

Alle Längen einander entsprechender Seiten stehen in einem festen **Längenverhältnis** zueinander. Dieses Verhältnis heißt **Vergrößerungsfaktor**.

Zwei Figuren heißen **ähnlich**, wenn die Längenverhältnisse einander entsprechender Seiten und einander entsprechende Winkel gleich sind.
$\frac{a}{w} = \frac{b}{x} = \frac{c}{y} = \frac{d}{z}$ und $\alpha = \alpha'$; $\beta = \beta'$; $\gamma = \gamma'$; $\delta = \delta'$

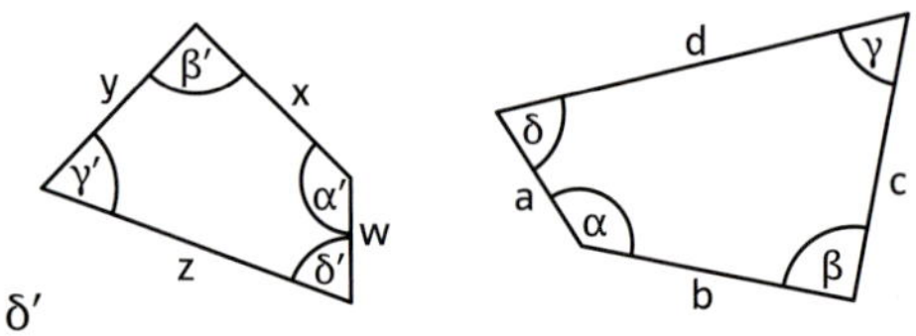

Beispiel Untersuchung auf Ähnlichkeit und ähnliche Figuren zeichnen
a) Untersuche, ob Fig. 1 zu Fig. 2 oder Fig. 3 ähnlich ist.
b) Zeichne ein zur Fig. 2 ähnliches Viereck mit dem Vergrößerungsfaktor 2.

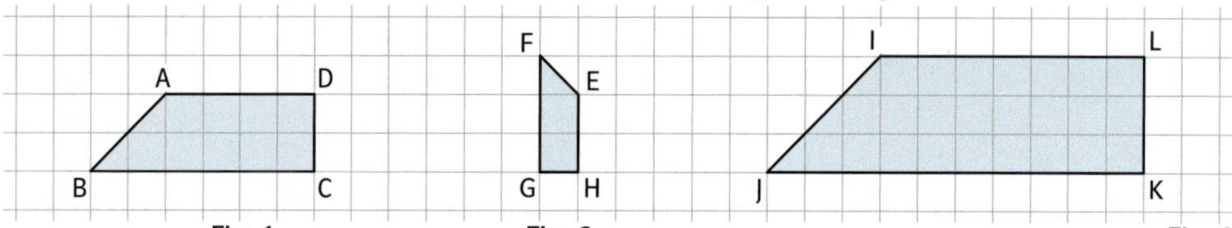

Fig. 1 Fig. 2 Fig. 3

Lösung:
a) Vergleich der Fig. 1 mit Fig. 2: Winkel: Entsprechende Winkel sind gleich groß.
Dies erkennt man durch Vergleich der Kästchen oder durch Messen.

Seitenverhältnisse: $\frac{\overline{FG}}{\overline{BC}} = \frac{\overline{GH}}{\overline{CD}} = \frac{\overline{HE}}{\overline{DA}} = \frac{\overline{EF}}{\overline{AB}} = \frac{1}{2}$; daraus folgt: Fig. 1 und Fig. 2 sind ähnlich.

Vergleich der Fig. 1 mit Fig. 3:

Seitenverhältnisse: $\frac{\overline{JK}}{\overline{BC}} = \frac{10}{6} = \frac{5}{3}$; $\frac{\overline{KL}}{\overline{CD}} = \frac{3}{2}$; die Seitenverhältnisse sind nicht gleich, also sind Fig. 1 und Fig. 3 nicht ähnlich.

b) Alle Seitenlängen verdoppeln sich. Alle Winkel bleiben gleich groß.

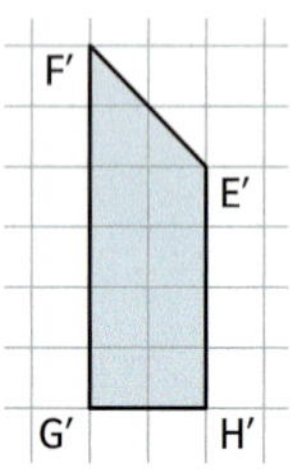

$\overline{G'H'} = 2 \cdot \overline{GH} = 1\,cm$; $\overline{H'E'} = 2 \cdot \overline{HE} = 2\,cm$; $\overline{F'G'} = 2 \cdot \overline{FG} = 3\,cm$; $\overline{E'F'} = 2 \cdot \overline{EF} = \sqrt{2}\,cm$

2 Zentrische Streckung

Zentrische Streckung mit dem Streckzentrum S und dem Streckfaktor k (in Fig. 1 ist $k = 2$):

a) Zeichne einen Strahl von S durch P.

b) Trage von S aus das k-Fache der Länge der Strecke $\overline{SP}$ ab und erhalte P′.

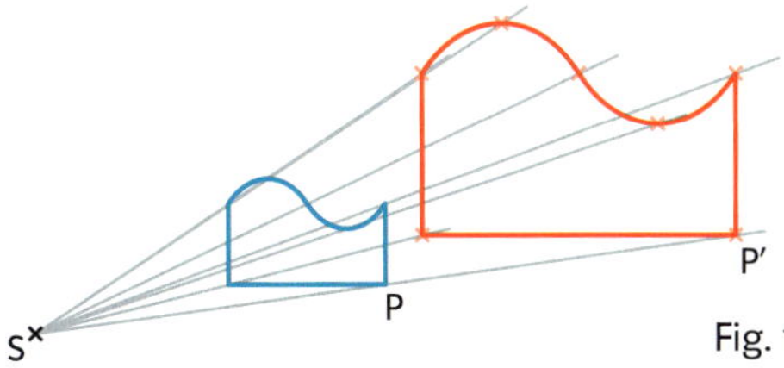

Fig. 1

Eine Figur und die durch zentrische Streckung erzeugte Bildfigur sind ähnlich.

Für die zentrische Streckung gilt:
Für $k > 1$ wird eine Figur vergrößert und für $0 < k < 1$ wird die Figur verkleinert.

Auch in Fig. 2 wird die blaue Figur am Streckzentrum S zentrisch gestreckt. Wie in Fig. 1 sind die Punkte des vergrößerten roten Bildes doppelt so weit von S entfernt wie die des blauen Originals. Im Gegensatz zu Fig. 1 liegen hier die Original- und Bildpunkte aber jeweils auf verschiedenen Seiten von S.
Dieser Sachverhalt wird durch das Vorzeichen des Streckfaktors k angegeben: Man sagt, die blaue Figur ist durch eine zentrische Streckung mit dem negativen Streckfaktor $k = -2$ auf die rote Figur abgebildet worden.

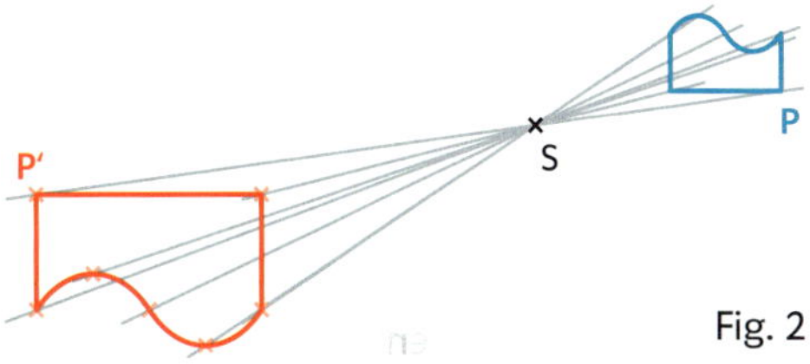

Fig. 2

Für die Ausgangs- und die Bildfigur gilt:
1. Einander entsprechende Winkel sind gleich groß.
2. Die Seiten der Bildfigur haben die k-fache Länge der entsprechenden Seiten der Ausgangsfigur.

Beispiel 1 Konstruktion ähnlicher Figuren
Gegeben sind die Punkte A(2 | 3), B(5 | 1), C(8 | 4) und S(0 | 0). Zeichne das Dreieck ABC und den Punkt S in ein Koordinatensystem. Konstruiere ein zum Dreieck ABC ähnliches Dreieck durch eine zentrische Streckung mit dem Streckzentrum S und dem Streckfaktor $k = 1{,}5$.
Lösung:
$\overline{OA} = 3{,}6$; $3{,}6 \cdot 1{,}5 = 5{,}4$. *Für die Punkte B und C ist gleich vorzugehen.*

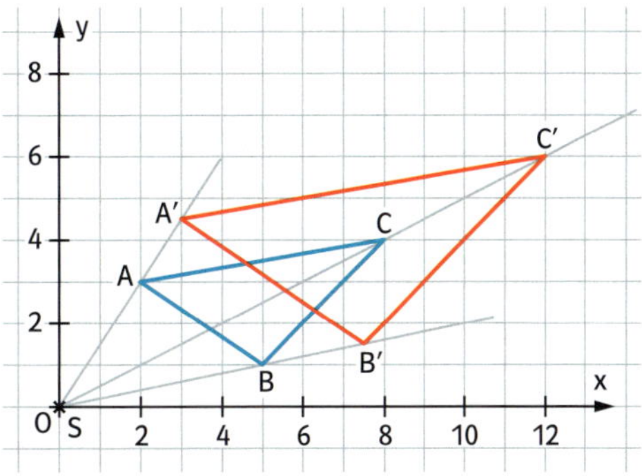

Beispiel 2 Bestimmung des Streckzentrums
Die rote Figur ist durch zentrische Streckung aus der blauen entstanden. Bestimme das Streckzentrum.

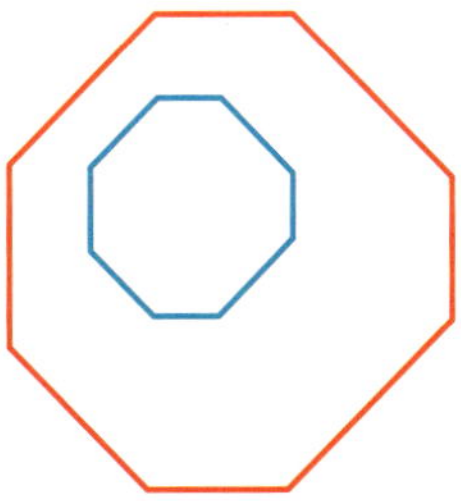

Lösung:

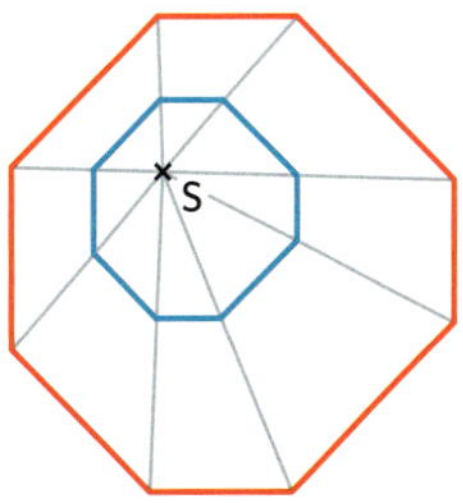

Zeichnet man durch die jeweils einander entsprechenden Punkte Linien, so schneiden sich diese in einem Punkt. Dieser Punkt ist das Streckzentrum S.

3 Ähnliche Dreiecke

Kongruenzsatz wsw: Zwei Dreiecke sind kongruent, wenn sie in einer Seite und zwei Winkeln übereinstimmen.

Kongruenzsatz sss: Zwei Dreiecke sind kongruent, wenn sie in allen drei Seiten übereinstimmen.

Zum Nachweis der Ähnlichkeit bei Dreiecken reichen auch zwei übereinstimmende Winkel aus. Der dritte Winkel ergibt sich aus der Innenwinkelsumme im Dreieck.

Gleiche Winkel führen zu Ähnlichkeit

Zwei Dreiecke ABC und XYZ stimmen in den einander entsprechenden Winkeln überein. Durch eine zentrische Streckung wird das Dreieck ABC so gestreckt, dass die Bildstrecke $\overline{A'C'}$ so lang wie die Strecke $\overline{XZ}$ ist. Die Winkel bleiben dabei unverändert. Nach dem Kongruenzsatz wsw sind die Dreiecke XYZ und A'B'C' kongruent. Dreieck ABC und Dreieck A'B'C' sind ähnlich, da sie aus einer zentrischen Streckung hervorgehen. Damit ergibt sich, dass die Dreiecke ABC und XYZ ähnlich sind.

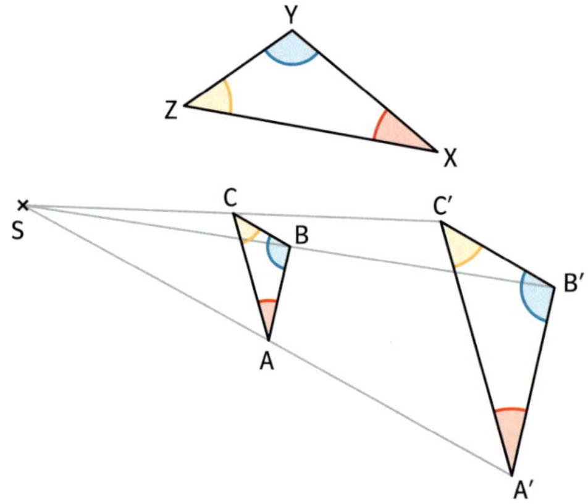

Gleiche Seitenverhältnisse führen zu Ähnlichkeit

Für zwei Dreiecke ABC und XYZ gilt: Entsprechende Seiten der Dreiecke bilden das gleiche Verhältnis. Das Dreieck ABC kann durch eine zentrische Streckung, die als Streckfaktor das Seitenverhältnis hat, so vergrößert werden, dass die Seiten des Dreiecks A'B'C' gleich groß zu den entsprechenden Seiten des Dreiecks XYZ sind. Dreiecke mit gleichen Seiten sind nach dem Kongruenzsatz sss kongruent. Sie stimmen also auch in allen Winkeln überein. Da bei der zentrischen Streckung die Winkelgrößen unverändert bleiben, ergibt sich, dass die Dreiecke ABC und XYZ ähnlich sind.

Ähnliche Dreiecke

1. Wenn zwei Dreiecke in allen entsprechenden Winkeln übereinstimmen, dann sind sie ähnlich.
2. Wenn zwei Dreiecke in allen entsprechenden Seitenverhältnissen übereinstimmen, dann sind sie ähnlich.

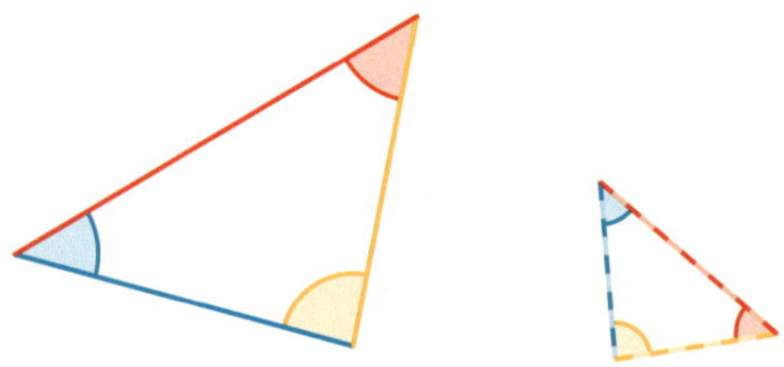

Beispiel Berechnung mithilfe von Ähnlichkeit

In Fig. 1 wurde in das Dreieck ABC eine Senkrechte eingezeichnet, so dass das Dreieck DBE entstand.

a) Begründe, dass die Dreiecke ähnlich sind.
b) Berechne die fehlenden Seitenlängen.

Lösung:

a) Beide Dreiecke stimmen im rechten Winkel und im Winkel β überein. Also sind die Dreiecke ähnlich.

b) Sich entsprechende Seiten sind: $\overline{AB}$ und $\overline{BE}$, $\overline{CA}$ und $\overline{DE}$, $\overline{BC}$ und $\overline{BD}$

Vergrößerungsfaktor: $\frac{\overline{BC}}{\overline{BD}} = \frac{8\,\text{cm}}{4\,\text{cm}} = 2.$

$\overline{AB} = 2 \cdot \overline{BE} = 10\,\text{cm}$. Aus $\overline{AC} = 2 \cdot \overline{DE} = 6\,\text{cm}$ folgt: $\overline{DE} = \frac{1}{2} \cdot \overline{AC} = 3\,\text{cm}$.

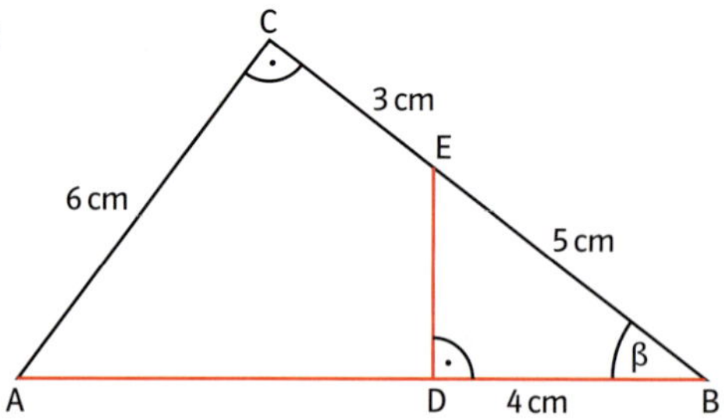

Fig. 1

4 Strahlensätze

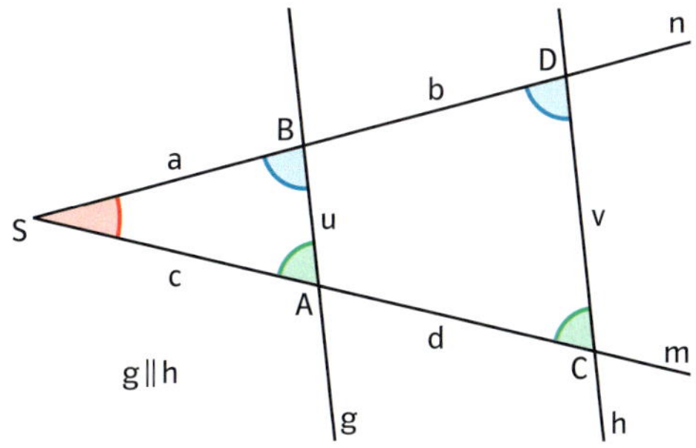

Es werden zwei Strahlen mit gemeinsamem Anfangspunkt S von zwei parallelen Geraden geschnitten. Man erkennt die Dreiecke SAB und SCD. Sie sind ähnlich, da sie in den entsprechenden Winkeln übereinstimmen. Da bei ähnlichen Dreiecken die Seitenverhältnisse gleich sind, ergibt sich für die Strecken auf den Strahlen: $\frac{a+b}{a} = \frac{c+d}{c}$.

Dies lässt sich umformen zu: $1 + \frac{b}{a} = 1 + \frac{d}{c}$, also gilt auch $\frac{b}{a} = \frac{d}{c}$ bzw. $\frac{a}{b} = \frac{c}{d}$ (Kehrwert).
Die Verhältnisgleichungen für Strahlenabschnitte nennt man den **1. Strahlensatz**.
Im **2. Strahlensatz** werden Verhältnisse von Strahlenabschnitten und Parallelenabschnitten betrachtet. Aus der Ähnlichkeit der Dreiecke ergibt sich:
$\frac{v}{u} = \frac{c+d}{c} = \frac{a+b}{a}$ und $\frac{u}{v} = \frac{c}{c+d} = \frac{a}{a+b}$.

Strahlensätze

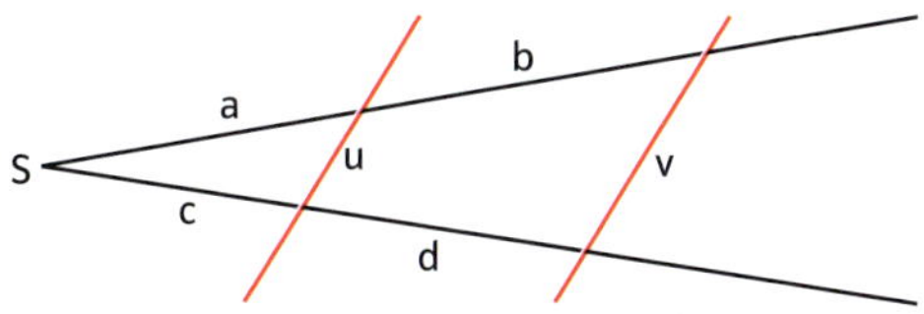

Werden zwei von einem Punkt S ausgehende Strahlen von zwei Parallelen geschnitten, dann gilt:

1. Die Abschnitte auf einem Strahl verhalten sich zueinander wie die entsprechenden Abschnitte auf dem anderen Strahl.
1. Strahlensatz
$\frac{a}{b} = \frac{c}{d}$, $\frac{b}{a} = \frac{d}{c}$, $\frac{a+b}{b} = \frac{c+d}{d}$, $\frac{a+b}{a} = \frac{c+d}{c}$

2. Die Abschnitte auf den Parallelen verhalten sich zueinander wie die von S aus gemessenen entsprechenden Abschnitte auf einem Strahl.
2. Strahlensatz
$\frac{v}{u} = \frac{a+b}{a}$, $\frac{v}{u} = \frac{c+d}{c}$

Beispiel Berechnung einer Länge
In der Figur sind die Geraden g und h parallel. Berechne die Länge der Strecke a und der Strecke b.

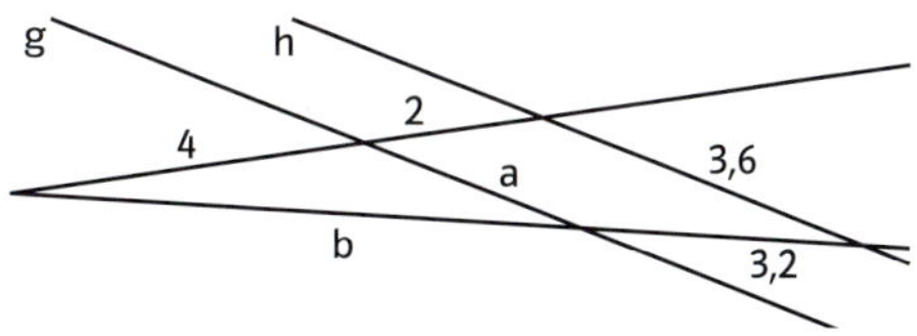

Lösung:
b wird mit dem 1. Strahlensatz berechnet:
$\frac{b}{3{,}2} = \frac{4}{2}$ und $b = \frac{4 \cdot 3{,}2}{2} = 6{,}4$.

a wird mit dem 2. Strahlensatz berechnet:
$\frac{a}{3{,}6} = \frac{4}{4+2}$ und $a = \frac{4 \cdot 3{,}6}{6} = 2{,}4$.

Erweiterung der Strahlensätze
Werden zwei Geraden, die sich in einem Punkt S schneiden, von zwei Parallelen geschnitten, sind die entstehenden Dreiecke ebenfalls ähnlich. Es gilt daher:

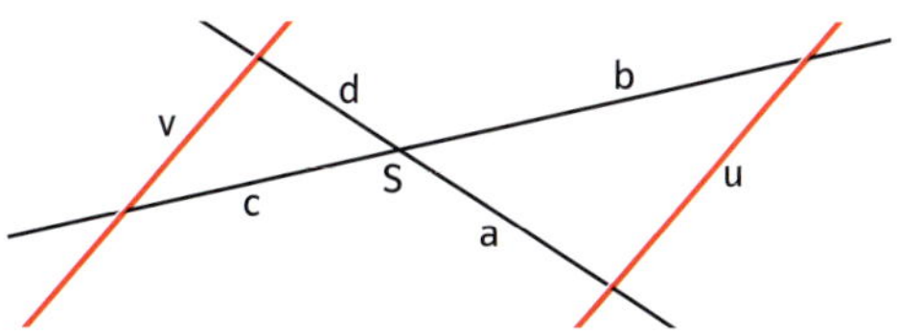

1. Strahlensatz
$\frac{a}{d} = \frac{b}{c}$, $\frac{d+a}{d} = \frac{c+b}{c}$, $\frac{d+a}{a} = \frac{c+b}{b}$

2. Strahlensatz
$\frac{u}{v} = \frac{a}{d}$, $\frac{u}{v} = \frac{b}{c}$

II Die Satzgruppe des Pythagoras

1 Der Kathetensatz

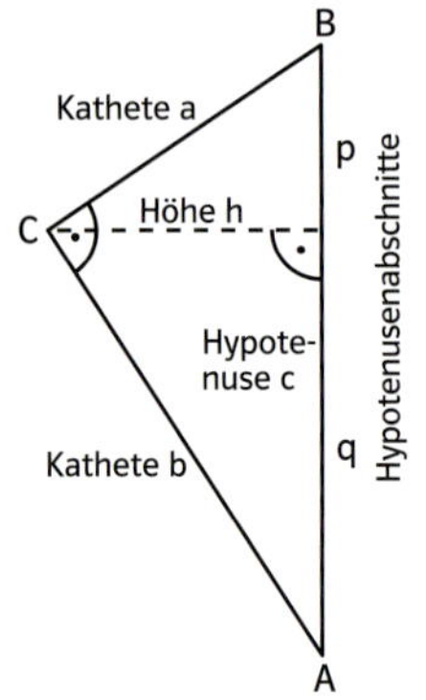

Kathetensatz
In jedem rechtwinkligen Dreieck hat das Quadrat mit der Seitenlänge einer Kathete den gleichen Flächeninhalt wie das Rechteck mit der Hypotenuse und dem benachbarten Hypotenusenabschnitt als Seitenlängen.
$\mathbf{a^2 = c \cdot p = cp}$
$\mathbf{b^2 = c \cdot q = cq}$

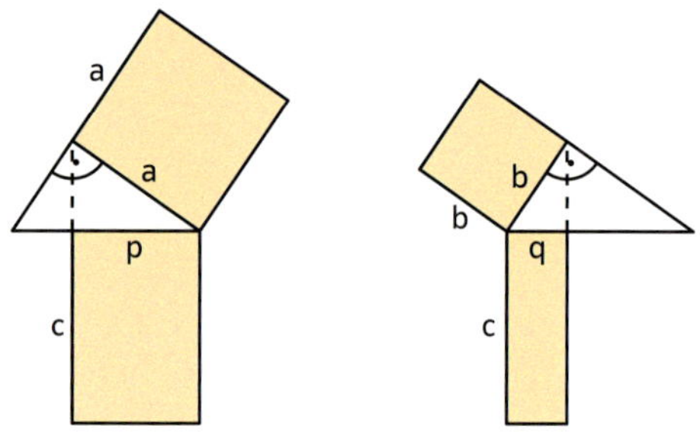

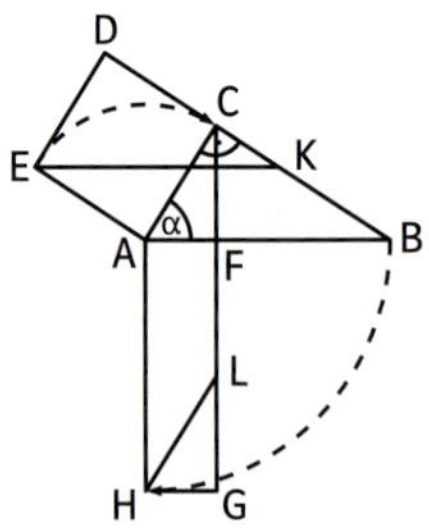

Fig. 1

Beweis des Kathetensatzes:
Für jedes rechtwinklige Dreieck ABC mit dem rechten Winkel bei C gilt (Fig. 1):
1. Das Quadrat ACDE ist flächengleich zum Parallelogramm ABKE (gemeinsame Seite $\overline{EA}$ und gleiche Höhe zu $\overline{EA}$).
2. Das Parallelogramm ABKE wird durch eine Vierteldrehung um A auf das Parallelogramm AHLC abgebildet (denn $\overline{AB} = \overline{AH}$; $\overline{AE} = \overline{AC}$ und $\sphericalangle BAE = 90° + \alpha = \sphericalangle HAC$). Damit sind die Parallelogramme flächengleich.
3. Das Parallelogramm AHLC hat den gleichen Flächeninhalt wie das Rechteck AHGF (gemeinsame Seite $\overline{AH}$ und gleiche Höhe zu $\overline{AH}$).

Beispiel 1
Konstruiere zu einem gegebenen Rechteck ABCD ein Quadrat mit gleichem Flächeninhalt.
Lösung:
Hat das Rechteck die Seiten a und b mit $a > b$, so konstruiert man ein rechtwinkliges Dreieck mit der Hypotenuse a und dem Hypotenusenabschnitt b. Nach dem Kathetensatz ist das zugehörige Kathetenquadrat flächengleich zum gegebenen Rechteck.

Im antiken Griechenland versuchte man Flächeninhalte zu bestimmen, indem man ein flächengleiches Quadrat konstruierte.
Dies nennt man Quadratur. Der Kathetensatz ermöglicht die Quadratur des Rechtecks.

1. Gegeben ist das Rechteck ABCD.
Verlängere die kürzere Seite $\overline{AD}$ bis zu einem Punkt E, sodass $\overline{AE} = \overline{AB}$.
2. Zeichne den Thaleskreis über $\overline{AE}$.
Die Verlängerung von $\overline{CD}$ schneidet den Thaleskreis in F.
3. Zeichne das rechtwinklige Dreieck AEF.
4. Zeichne das Quadrat über der Kathete $\overline{AF}$.
Das Kathetenquadrat ist flächengleich zum Rechteck ABCD.

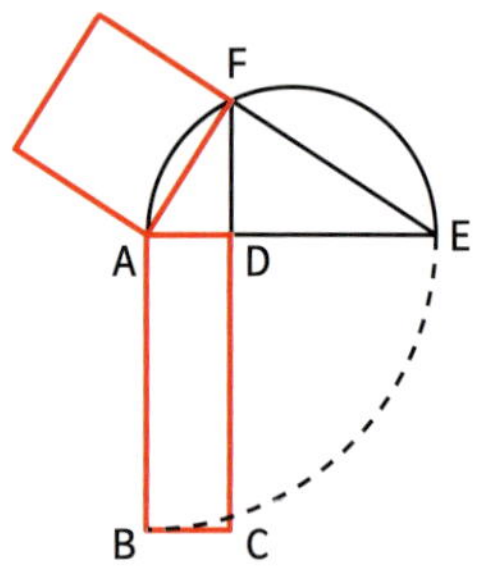

Beispiel 2
Berechne zu einem rechtwinkligen Dreieck mit den Hypotenusenabschnitten $p = 2{,}5\,\text{cm}$ und $q = 7{,}5\,\text{cm}$ die Längen der Dreiecksseiten.
Lösung:
Für die Hypotenuse c gilt $c = p + q = 2{,}5\,\text{cm} + 7{,}5\,\text{cm} = 10{,}0\,\text{cm}$.
Für die Katheten a und b gelten nach dem Kathetensatz
$a^2 = cp = 10\,\text{cm} \cdot 2{,}5\,\text{cm} = 25\,\text{cm}^2$; $a = \sqrt{25}\,\text{cm} = 5{,}0\,\text{cm}$,
$b^2 = cq = 10\,\text{cm} \cdot 7{,}5\,\text{cm} = 75\,\text{cm}^2$; $b = \sqrt{75}\,\text{cm} \approx 8{,}7\,\text{cm}$.

2 Der Satz des Pythagoras

Für rechtwinklige Dreiecke besteht ein einfacher Zusammenhang zwischen den Katheten a und b und der Hypotenuse c:
Nach dem Kathetensatz gelten
(I) $a^2 = cp$,
(II) $b^2 = cq$.
Die Addition beider Gleichungen ergibt
$a^2 + b^2 = cp + cq = c(p + q) = cc = c^2$.

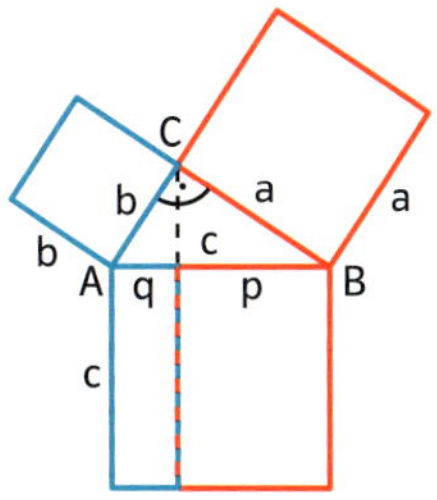

Satz des Pythagoras
Wenn ein Dreieck rechtwinklig mit der Hypotenuse c ist, dann gilt für die Seiten a, b und c des Dreiecks $\mathbf{a^2 + b^2 = c^2}$.

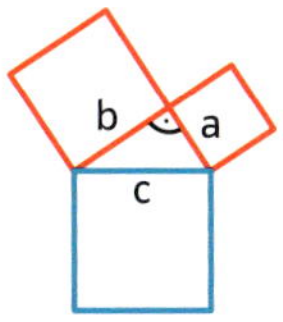

Umkehrung vom Satz des Pythagoras
Wenn in einem Dreieck mit den Seiten a, b, c die Gleichung $a^2 + b^2 = c^2$ gilt, dann ist das Dreieck rechtwinklig mit der Hypotenuse c.

Mit der Umkehrung vom Satz des Pythagoras lässt sich also ohne Winkelmessung entscheiden, ob ein Dreieck rechtwinklig ist oder nicht.

Beispiel 1
Berechne die Länge der Diagonale des Rechtecks ABCD in Fig. 1.
Lösung:
Das Teildreieck ABC ist rechtwinklig, also kann der Satz des Pythagoras angewendet werden.
$d^2 = a^2 + b^2$
$d^2 = 12^2\,cm^2 + 5^2\,cm^2 = 169\,cm^2$
$d = \sqrt{169}\,cm = 13\,cm$

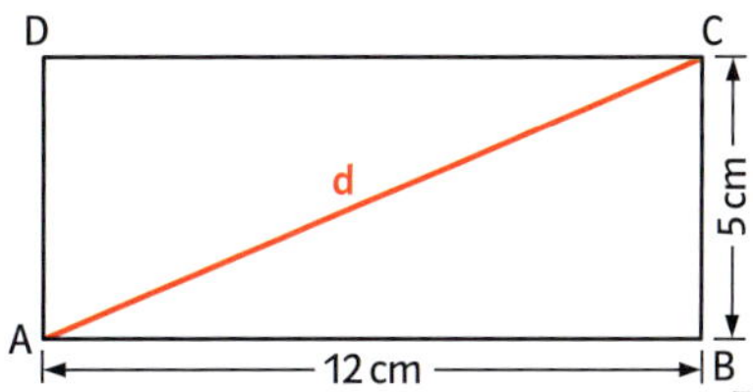

Fig. 1

Beispiel 2
Berechne die Höhe h_a des Dreiecks ABC in Fig. 2.
Lösung:
Da das Dreieck gleichschenklig ist, halbiert die Höhe h_a die Grundseite $\overline{BC}$. Wende den Satz des Pythagoras auf das Teildreieck ABD an.
$h_a^2 + \overline{BD}^2 = \overline{AB}^2$, $h_a^2 = AB^2 - BD^2$
$h_a^2 = 10^2\,cm^2 - 3{,}5^2\,cm^2 = 87{,}75\,cm^2$
$h_a = \sqrt{87{,}75}\,cm \approx 9{,}4\,cm$

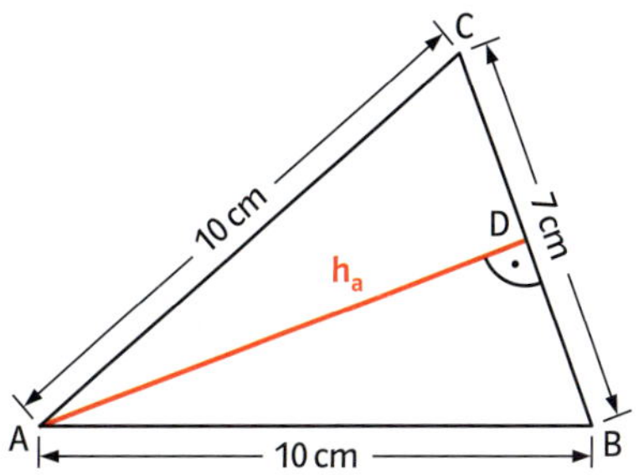

Fig. 2

Beispiel 3
Prüfe, ob ein Dreieck mit den Seiten $a = 40\,cm$, $b = 41\,cm$, $c = 9\,cm$ rechtwinklig ist.
Lösung:
Im Falle eines rechtwinkligen Dreiecks muss die längste Seite die Hypotenuse sein.
Es ist $41^2 = 1681$, $40^2 = 1600$, $9^2 = 81$, also $41^2 = 40^2 + 9^2$, das Dreieck ist rechtwinklig.

3 Der Höhensatz

Bei einem rechtwinkligen Dreieck kann man die Höhe des Dreiecks direkt aus den Hypotenusenabschnitten berechnen.

Für jedes rechtwinklige Dreieck ABC gilt nach dem Satz des Pythagoras
(I) $h^2 = b^2 - q^2$
und nach dem Kathetensatz
(II) $b^2 = c\,q = (q + p)\,q$.
Das Einsetzen von (II) in (I) ergibt
$h^2 = (q + p)\,q - q^2 = q^2 + p\,q - q^2 = p\,q$.

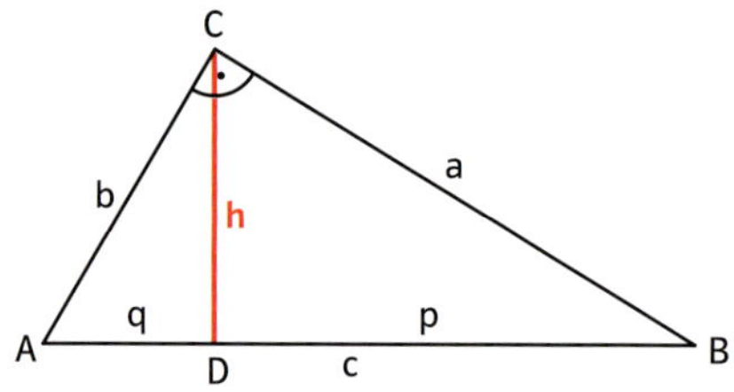

Höhensatz
In jedem rechtwinkligen Dreieck hat das Quadrat mit der Höhe als Seitenlänge den gleichen Flächeninhalt wie das Rechteck mit den beiden Hypotenusenabschnitten als Seitenlängen.
$\mathbf{h^2 = p \cdot q = p\,q}$

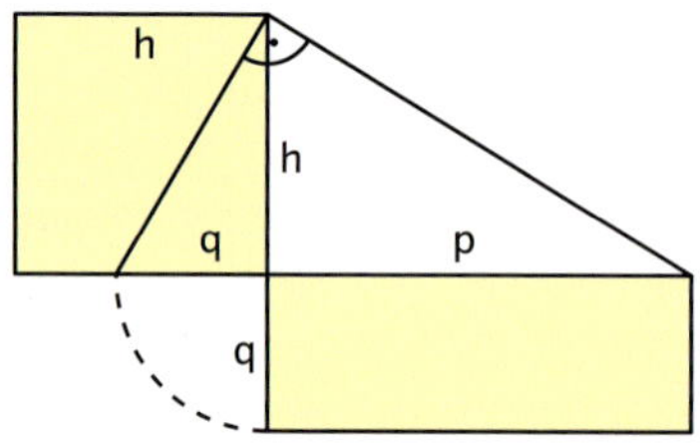

Beispiel 1
Konstruiere mit dem Höhensatz zu einem gegebenen Rechteck ABCD ein Quadrat mit gleichem Flächeninhalt.
Lösung:
1. Verlängere eine Seite des Rechtecks um die andere Seite. Die Gesamtstrecke ist die Hypotenuse eines rechtwinkligen Dreiecks.
2. Zeichne den Thaleskreis über dieser Gesamtstrecke.
3. Zeichne passend zu den Hypotenusenabschnitten die Höhe des Dreiecks. Diese Höhe ist die gesuchte Quadratseite.

Konstruktion:

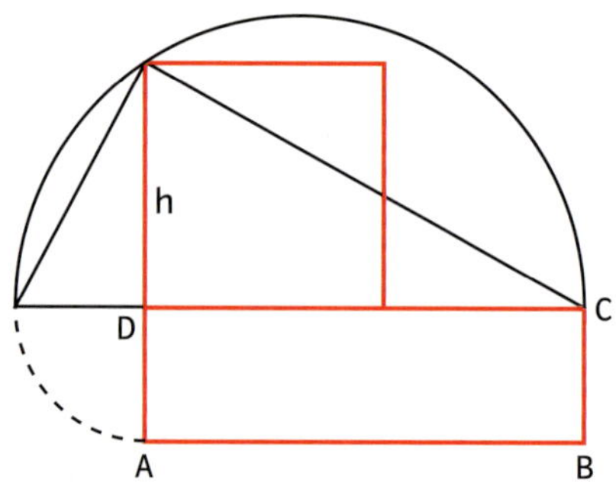

Beispiel 2
Von einem rechtwinkligen Dreieck sind $h = 4{,}0\,\text{cm}$ und $q = 1{,}5\,\text{cm}$ bekannt. Berechne die fehlenden Stücke (Fig. 1).
Lösung:
1. Nach dem Höhensatz ist $h^2 = p\,q$; $p = \frac{h^2}{q}$; $p = \frac{16}{1{,}5}\,\text{cm} = 10{,}\overline{6}\,\text{cm} \approx 10{,}7\,\text{cm}$.
2. Für die Hypotenuse gilt $c = q + p$; $c = 1{,}5\,\text{cm} + 10{,}\overline{6}\,\text{cm} = 12{,}1\overline{6}\,\text{cm} \approx 12{,}2\,\text{cm}$.
3. Für die Katheten gilt nach dem Kathetensatz
$a^2 = c\,p$; $a^2 = 12{,}1\overline{6} \cdot 10{,}\overline{6}\,\text{cm}^2 = 129{,}\overline{7}\,\text{cm}^2 \approx 129{,}8\,\text{cm}^2$; $a \approx \sqrt{129{,}8}\,\text{cm} \approx 11{,}4\,\text{cm}$,
$b^2 = c\,q$; $b^2 = 12{,}1\overline{6} \cdot 1{,}5\,\text{cm}^2 = 18{,}25\,\text{cm}^2$; $b = \sqrt{18{,}25}\,\text{cm} \approx 4{,}3\,\text{cm}$.

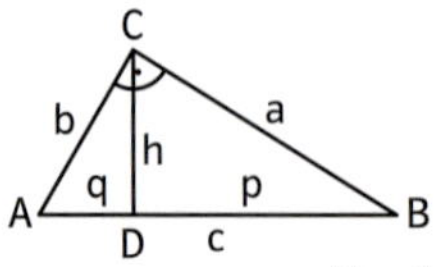

Fig. 1

4 Pythagoras in Figuren und Körpern

Mit dem Satz des Pythagoras, dem Kathetensatz oder Höhensatz kann man in Figuren oder Körpern Streckenlängen berechnen. Hierzu muss man rechtwinklige Teildreiecke finden, in denen die gesuchte Strecke enthalten ist. Diese Formeln werden häufig gebraucht.

Höhe im gleichseitigen Dreieck
$\mathbf{h = \frac{a}{2}\sqrt{3}}$

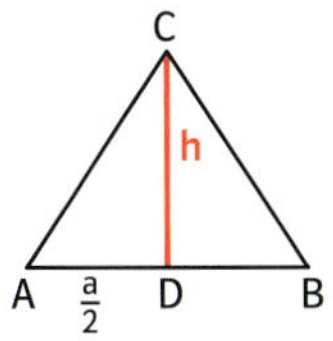

Fig. 1

Wendet man den Satz des Pythagoras auf das Dreieck ADC an, so ergibt sich $h^2 + (\frac{a}{2})^2 = a^2$, also $h^2 = \frac{3}{4}a^2$ und damit $h = \frac{a}{2}\sqrt{3}$.

Diagonale eines Quadrats
$\mathbf{d = a\sqrt{2}}$

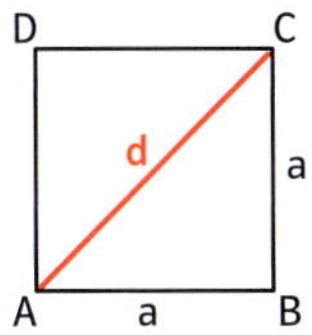

Fig. 2

Wendet man den Satz des Pythagoras auf das Dreieck ABC an, so ergibt sich $a^2 + a^2 = d^2$, also $d^2 = 2a^2$ und damit $d = a\sqrt{2}$.

Räumliche Diagonale eines Würfels
$\mathbf{d = a\sqrt{3}}$

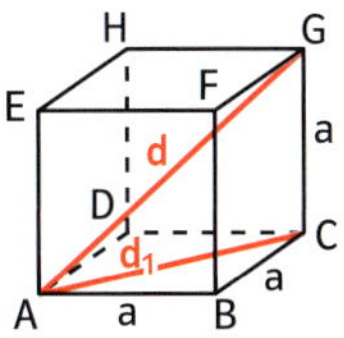

Fig. 3

Wendet man den Satz des Pythagoras auf das Dreieck ACG an, so ergibt sich $d_1^2 + a^2 = d^2$. Einsetzen von $d_1^2 = 2a^2$ ergibt $3a^2 = d^2$ und damit $d = a\sqrt{3}$.

Der Winkel im Dreieck ACG bei C in Fig. 3 ist ein rechter Winkel. Im Schrägbild erscheint er jedoch nicht als rechter Winkel.

Strategie zur Berechnung von Streckenlängen in der Ebene und im Raum
1. Fertige eine Skizze an. Trage alle gegebenen und gesuchten Streckenlängen ein.
2. Suche nach rechtwinkligen Dreiecken, die diese Strecken enthalten.
   Eventuell sind zusätzliche Hilfslinien nötig.
3. Berechne mithilfe des Satzes von Pythagoras (oder auch des Kathetensatzes bzw. des Höhensatzes) die gesuchten Streckenlängen.

Beispiel
Berechne die Körperhöhe h und die Höhe k einer Seitenfläche für die quadratische Pyramide in Fig. 4, wenn die Seite $a = 6{,}0\,\text{cm}$ der Grundfläche und die Länge $s = 9{,}0\,\text{cm}$ der Seitenkanten gegeben sind.

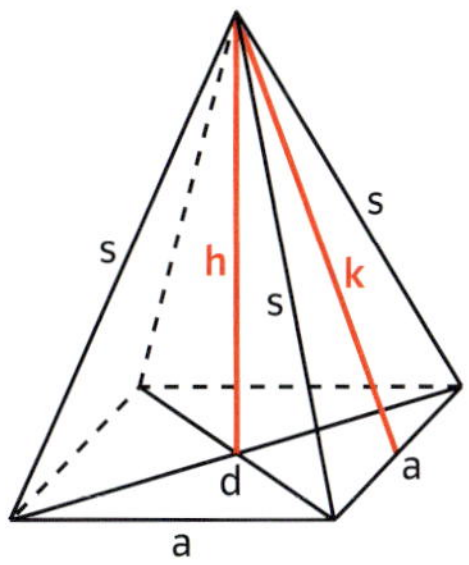

Fig. 4

Lösung:
1. Berechnung der Körperhöhe h
Für die Diagonale d gilt: $d = a\sqrt{2}$.
Anwenden vom Satz des Pythagoras auf das Dreieck aus Körperhöhe, halber Diagonale und Seitenkante ergibt $h^2 + \left(\frac{a\sqrt{2}}{2}\right)^2 = s^2$; $h^2 = s^2 - \frac{a^2}{2}$.
Einsetzen der Werte ergibt $h^2 = 81\,\text{cm}^2 - \frac{36}{2}\text{cm}^2 = 63\,\text{cm}^2$; $h = \sqrt{63}\,\text{cm} \approx 7{,}9\,\text{cm}$.

2. Berechnung der Seitenhöhe k
Nach dem Satz des Pythagoras gilt $k^2 + \left(\frac{a}{2}\right)^2 = s^2$; $k^2 = s^2 - \frac{a^2}{4}$.
Einsetzen der Werte ergibt $k^2 = 81\,\text{cm}^2 - \frac{36}{4}\text{cm}^2 = 72\,\text{cm}^2$; $k = \sqrt{72}\,\text{cm} \approx 8{,}5\,\text{cm}$.

1 Kreis

Kreisumfang

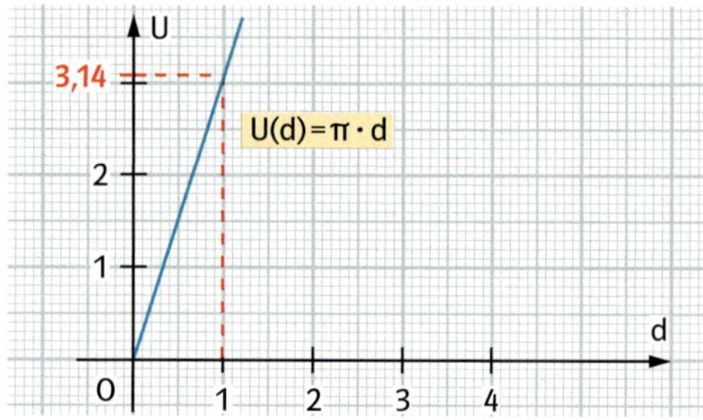

Fig. 1

Wenn man den Umfang von Kreisen mit verschiedenen Radien misst, stellt man fest, dass der Umfang proportional zum Radius wächst. In Fig. 1 ist die Zuordnung *Durchmesser → Umfang* dargestellt.
Das Verhältnis von Umfang und Durchmesser ist demnach eine Konstante (≈ 3,14).
Dieses Verhältnis wird mit dem griechischen Buchstaben π bezeichnet.
Es gilt: $\pi = \frac{U}{d}$. Für den Umfang des Kreises erhält man durch Auflösen nach U somit $U = \pi \cdot d = 2 \cdot \pi \cdot r$, wobei d der Durchmesser und r der Radius des Kreises ist.

Die Kreiszahl π ist eine irrationale Zahl. Viele Taschenrechner geben als Näherungswert für π ungefähr 3,141 592 654 an. Bei den meisten Rechnungen reicht es aus, als Näherungswert den Wert $\pi \approx 3{,}14$ zu verwenden.

Kreisfläche

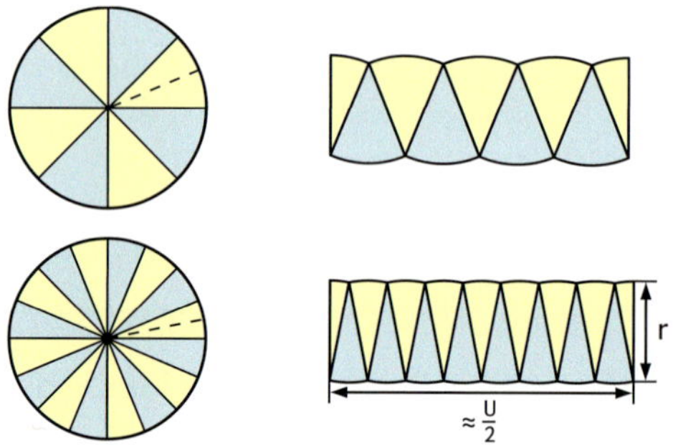

Fig. 2

Wenn man die Formel $U = 2 \cdot \pi \cdot r$ kennt, kann man mithilfe einer geeigneten Zerlegung eine Formel für den Flächeninhalt des Kreises herleiten. In Fig. 2 wird ein Kreis vom Mittelpunkt aus in gleich große Ausschnitte aufgeteilt, von denen einer zusätzlich noch halbiert wird. Man kann dann die Kreisteile zu einer annähernd rechteckigen Fläche zusammenlegen. Je größer die Anzahl der Kreisteile ist, desto mehr nähert sich die Fläche einem Rechteck an.
Bei einer Aufteilung des Kreises in unendlich viele Kreisteile würde ein Rechteck mit den Seitenlängen a und b entstehen, für das gilt:
- a ist halb so groß wie der Umfang des Kreises, also $a = \frac{U}{2}$;
- b entspricht dem Radius des Kreises, also $b = r$.

Da $U = 2 \cdot \pi \cdot r$ gilt, lässt sich der Flächeninhalt des Rechtecks und damit auch der des Kreises wie folgt berechnen:

$$A_{Kreis} = A_{Rechteck} = a \cdot b = \frac{U}{2} \cdot r = \frac{2 \cdot \pi \cdot r}{2} \cdot r = \pi \cdot r^2.$$

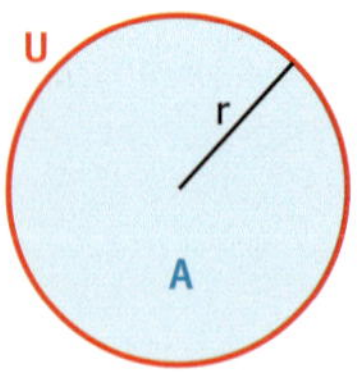

Ein Kreis mit dem Radius r und dem Durchmesser d hat den Umfang $U = 2\pi r$ bzw. $U = \pi d$.
Für den Flächeninhalt gilt: $A = \pi \cdot r^2$.

Beispiel Radius berechnen
Ein kreisförmiges Delfinbecken soll den Flächeninhalt 250 m² haben. Mit welchem Durchmesser muss man das Becken planen und wie lang wird die Beckenmauer?
Lösung:
$A = \pi \cdot r^2$, also $r = \sqrt{\frac{A}{\pi}} = \sqrt{\frac{250}{\pi}}\,m \approx 8{,}9\,m$. Somit ist $d = 2r \approx 17{,}8\,m$ und $U = 2\pi r \approx 56\,m$.
Der Durchmesser des Beckens beträgt 17,8 m, die Beckenmauer wird 56 m lang.

2 Kreisteile

Den in Fig. 1 rot gekennzeichneten Teil einer Kreisfläche nennt man einen **Kreisausschnitt**. Zum Kreisausschnitt gehört der **Mittelpunktswinkel α**. Der zugehörige Teil der Kreislinie ist der **Kreisbogen b**.
Aus Fig. 1 erkennt man: Die Bogenlänge b und der Flächeninhalt A sind proportional zum Mittelpunktswinkel α. Das heißt: Bei festem Radius r entspricht dem k-fachen Mittelpunktswinkel die k-fache Bogenlänge und der k-fache Flächeninhalt.
Man kann also b und A mit einem Dreisatz aus α berechnen. Dazu wird zunächst b und A für 1° bestimmt.

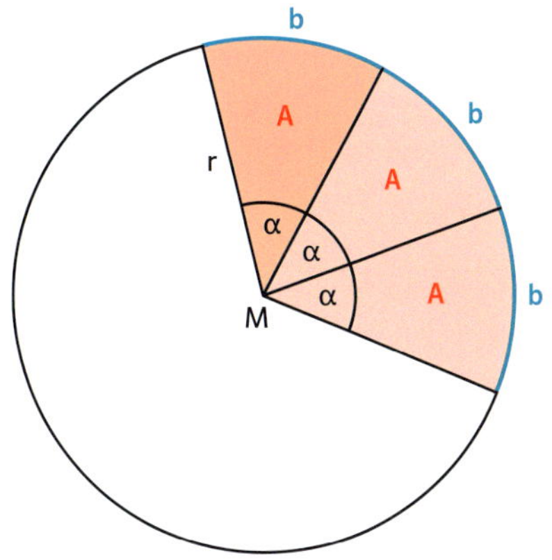

Fig. 1

Mittelpunktswinkel α	360°	1°	z. B. 47°	allg. α
Länge b des Kreisbogens	$2\pi r$	$2\pi r \cdot \frac{1°}{360°}$	$2\pi r \cdot \frac{47°}{360°}$	$2\pi r \cdot \frac{\alpha}{360°}$
Flächeninhalt A des Kreisausschnitts	πr^2	$\pi r^2 \cdot \frac{1°}{360°}$	$\pi r^2 \cdot \frac{47°}{360°}$	$\pi r^2 \cdot \frac{\alpha}{360°}$

Für einen Kreisausschnitt mit Mittelpunktswinkel α gilt:
$b = 2\pi r \cdot \frac{\alpha}{360°}$ und $A = \pi r^2 \cdot \frac{\alpha}{360°}$.

Den in Fig. 2 farbig markierten Flächenanteil eines Kreises nennt man **Kreisabschnitt**.
Die Strecke $s = \overline{QP}$ heißt Sehne, h heißt Höhe des Kreisabschnitts.
Zur Berechnung des Flächeninhalts des Kreisabschnitts subtrahiert man den Flächeninhalt des Dreiecks MPQ vom Flächeninhalt des zugehörigen Kreisausschnitts. Daher ist
$A = \pi r^2 \frac{\alpha}{360°} - \frac{1}{2} s (r - h)$.

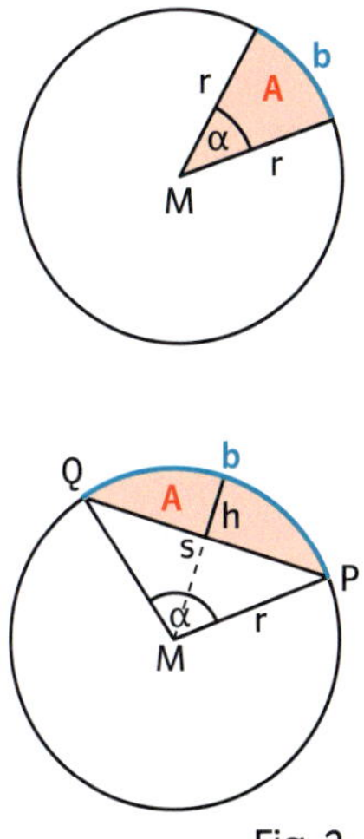

Fig. 2

Beispiel Kreisteil berechnen
Bestimme den Flächeninhalt und den Umfang der gefärbten Fläche.
Lösung:
Die Fläche ist von zwei Kreisbögen begrenzt. Der Mittelpunktswinkel ist 45°, der äußere Radius ist 4 cm, der innere 3 cm.

$A = \pi \cdot 4^2 \cdot \frac{45°}{360°} \text{cm}^2 - \pi \cdot 3^2 \cdot \frac{45°}{360°} \text{cm}^2$
$= \frac{7}{8} \pi \text{cm}^2 \approx 2{,}75 \text{cm}^2$

$U = 2\pi \cdot 4 \cdot \frac{45°}{360°} \text{cm} + 2 \text{cm} + 2\pi \cdot 3 \cdot \frac{45°}{360°} \text{cm}$
$= 1{,}75 \pi \text{cm} + 2 \text{cm} \approx 7{,}5 \text{cm}$

Der Flächeninhalt der gefärbten Fläche ist $2{,}75 \text{cm}^2$, der Umfang 7,5 cm.

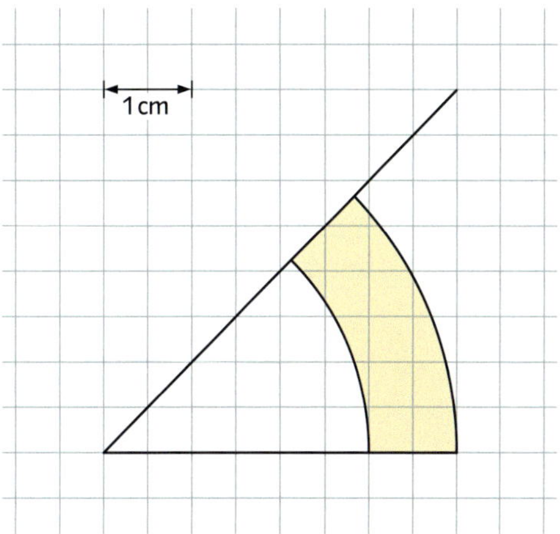

3 Prisma und Zylinder

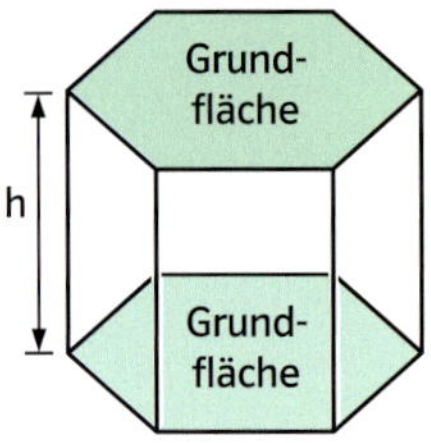

Die Oberfläche eines (senkrechten) **Prismas** besteht aus zwei deckungsgleichen, parallelen Vielecken, den **Grundflächen**, und Rechtecken als Seitenflächen. Die Seitenflächen bilden den **Mantel** des Prismas. Den Abstand der beiden Grundflächen nennt man die **Höhe h** des Prismas.
Ein **Zylinder** hat als Grundfläche einen Kreis. Die (abgerollte) Mantelfläche ist ein Rechteck.

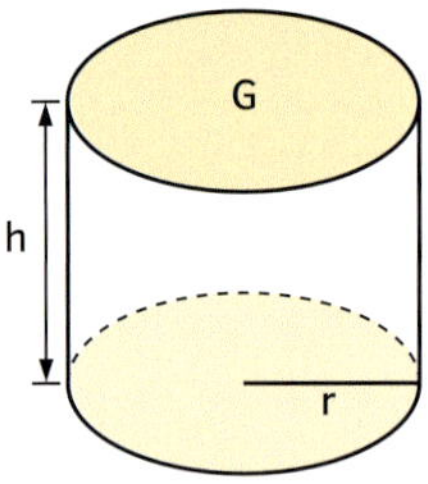

Für das Volumen von Prisma und Zylinder mit der Grundfläche G und der Höhe h gilt $V = G \cdot h$.
Der Oberflächeninhalt lässt sich mit $O = 2G + M$ berechnen, wobei M die Mantelfläche ist.

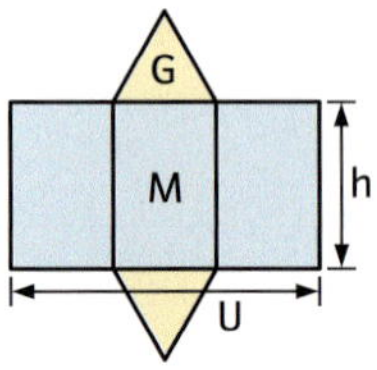

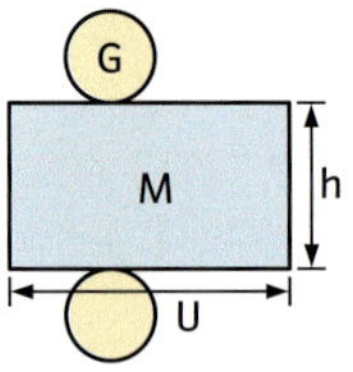

Für einen Zylinder der Höhe h, dessen Grundfläche den Radius r hat, gilt damit:
$V = G \cdot h = \pi \cdot r^2 \cdot h$; $O = 2G + M = 2\pi r \cdot (r + h)$.

Die Volumenformel lässt sich herleiten, indem man von einem Quader ausgeht, der ein Prisma mit rechteckiger Grundfläche darstellt. Für das Volumen gilt:
$V = a \cdot b \cdot h = G \cdot h$.
Der Quader lässt sich in zwei gleiche Prismen mit rechtwinkligen Dreiecken als Grundfläche zerlegen. Die Prismen haben die halbe Grundfläche und den halben Rauminhalt wie der Quader. Es gilt also:

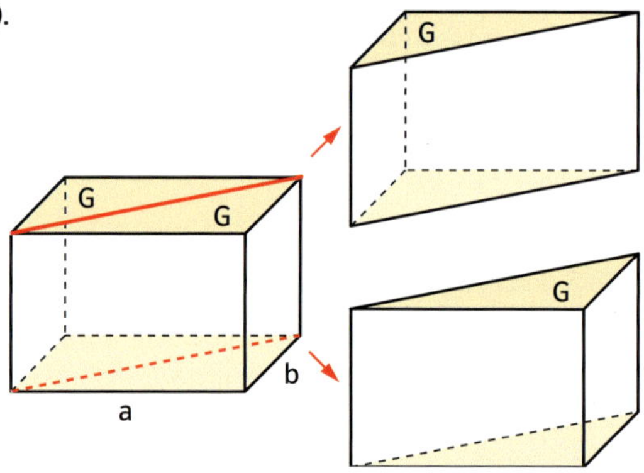

$V_{Prisma} = \frac{1}{2} \cdot V_{Quader} = \frac{1}{2} \cdot G_{Quader} \cdot h = G_{Prisma} \cdot h.$
Somit gilt die Formel $V = G \cdot h$ auch für Prismen, deren Grundflächen aus rechtwinkligen Dreiecken bestehen.

Ein beliebiges Prisma kann man zunächst in Prismen mit dreieckiger Grundfläche zerlegen und diese dann in Prismen, deren Grundflächen rechtwinklige Dreiecke sind.
Somit gilt für das Volumen des Prismas:

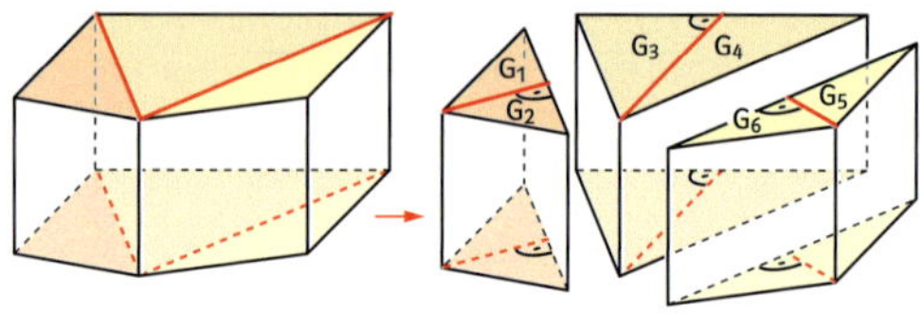

$V = G_1 \cdot h + G_2 \cdot h + \ldots + G_6 \cdot h = (G_1 + G_2 + \ldots + G_6) \cdot h = G \cdot h.$
Für alle Prismen gilt also die Volumenformel $V = G \cdot h$.

Ähnliche Überlegungen kann man für den Zylinder anstellen, indem man die Grundfläche durch Vielecke annähert.

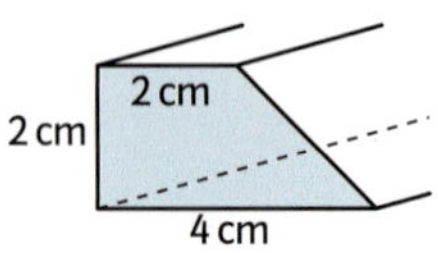

Beispiel Volumen und Oberfläche berechnen
Der Stab ist 1,5 m lang. Berechne Rauminhalt und Oberfläche.
Lösung:
Grundfläche $G = 4\,cm^2 + 2\,cm^2 = 6\,cm^2$. Volumen $V = G \cdot h = 900\,cm^3$.
Umfang $U = 2\,cm + 2\,cm + 4\,cm + \sqrt{2^2 + 2^2}\,cm \approx 10{,}8\,cm$.
Oberfläche $O = 2G + U \cdot h \approx 2 \cdot 6\,cm^2 + 10{,}8 \cdot 150\,cm^2 = 1632\,cm^2$.

4 Pyramide und Kegel

Verbindet man die Ecken eines Vielecks mit einem Punkt S, der nicht in der Ebene des Vielecks liegt, so erhält man eine **Pyramide**. Das Vieleck bildet die **Grundfläche** der Pyramide, der Punkt S ist die **Spitze** der Pyramide. Der Abstand der Spitze zur Grundfläche heißt **Höhe** der Pyramide.
Bei einer regelmäßigen Pyramide ist die Grundfläche ein regelmäßiges Vieleck und die Spitze befindet sich senkrecht über dem Mittelpunkt der Grundfläche.

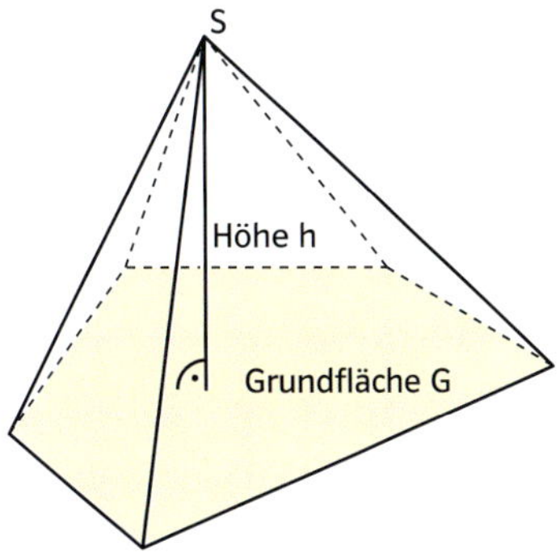

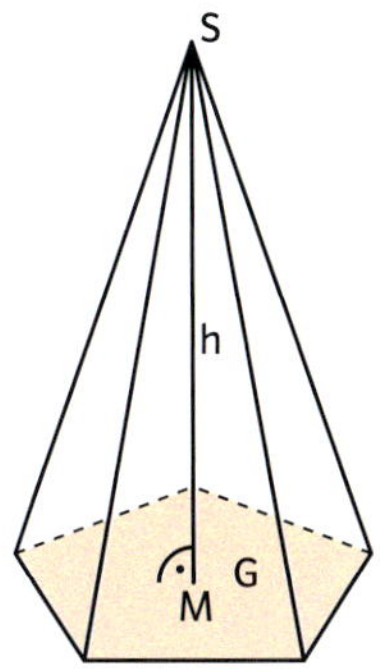

Regelmäßige fünfseitige Pyramide

Wenn man alle Punkte einer Kreislinie mit einem Punkt S verbindet, so erhält man einen **Kegel** mit Spitze S. Bei einem **senkrechten Kegel** ist die Spitze senkrecht über dem Kreismittelpunkt M.

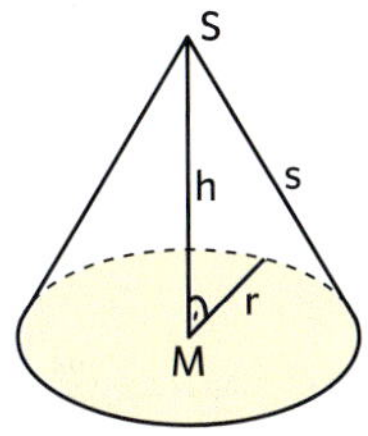

Das Volumen einer Pyramide oder eines Kegels mit Grundfläche G und Höhe h ist
$V = \frac{1}{3} \cdot G \cdot h$.

Wenn man einen senkrechten Kegel entlang einer Mantellinie aufschneidet und den Mantel eben ausbreitet, so erhält man einen Kreisausschnitt. Sein Radius ist die Länge der Mantellinie s mit $s = \sqrt{h^2 + r^2}$. Die Bogenlänge b des Kreisausschnitts ist der Umfang des Grundkreises des Kegels. Daher ist $b = 2\pi r$.

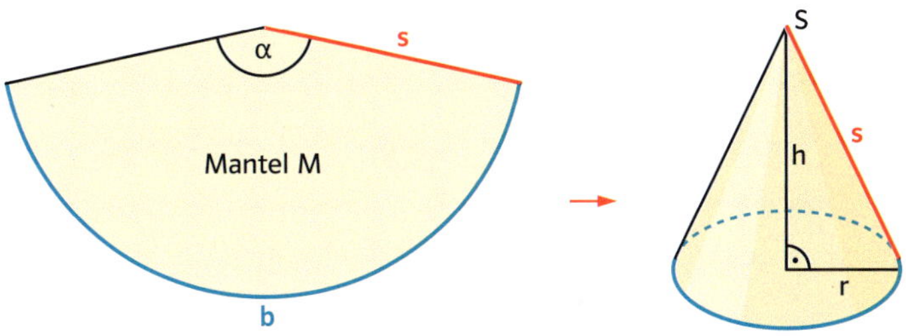

Mit den Formeln $b = 2\pi r$ und $b = 2\pi s \cdot \frac{\alpha}{360°}$ kann man den Mittelpunktswinkel $\alpha = 360° \cdot \frac{r}{s}$ des Kreisausschnitts berechnen und mit diesem die **Mantelfläche** M.

Beispiel Volumenberechnung von Pyramide und Kegel
Eine Pyramide hat die Höhe 3 cm. Ihre Grundfläche ist ein Quadrat mit Seitenlänge 4 cm.
a) Berechne das Volumen der Pyramide.
b) Die Pyramide kann in einen Kegel einbeschrieben werden (siehe Fig. 1).
Berechne das Volumen des Kegels.

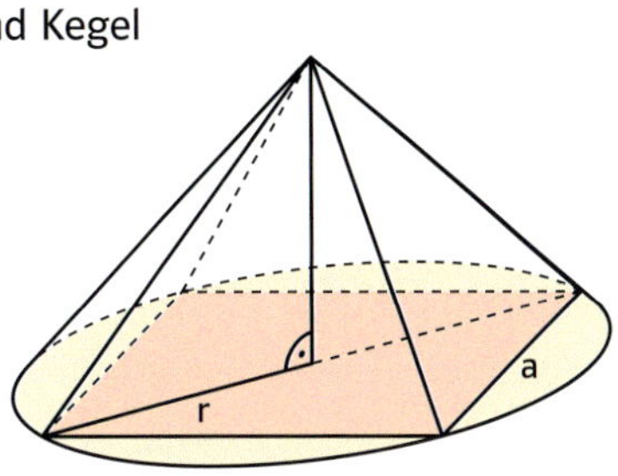

Fig. 1

Lösung:
a) $V_{Pyramide} = \frac{1}{3} \cdot a^2 \cdot h = \frac{1}{3} \cdot 16 \cdot 3\,cm^3 = 16\,cm^3$.
b) *Der Radius des Kegelgrundkreises ist halb so lang wie eine Quadratdiagonale, also* $r = \frac{1}{2}\sqrt{2} \cdot a$.
$G = \pi r^2 = \pi\left(\frac{1}{2}\sqrt{2} \cdot a\right)^2 = \frac{1}{2}\pi \cdot a^2 = 8\pi\,cm^2$. $V_{Kegel} = \frac{1}{3} \cdot G \cdot h = 8\pi\,cm^3 \approx 25{,}13\,cm^3$.

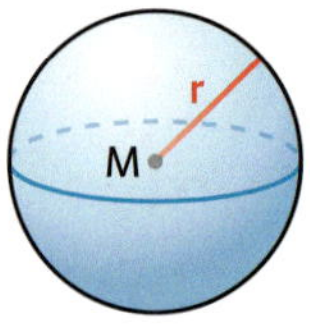

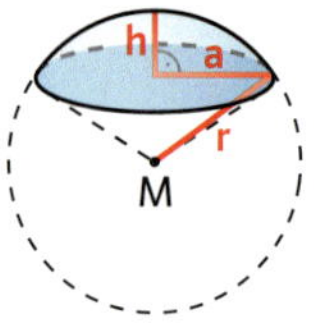

5 Kugeln und andere Körper

Für das Volumen V und für den Oberflächeninhalt O einer Kugel mit Radius r gilt:
$V = \frac{4}{3} \cdot \pi \cdot r^3$; $O = 4 \cdot \pi \cdot r^2$
Für das Volumen eines Kugelabschnitts (einer Kugelkappe) gilt:
$V = \frac{1}{3} \cdot \pi \cdot h^2 \cdot (3 \cdot r - h) = \frac{1}{6} \cdot \pi \cdot h(3 \cdot a^2 + h^2)$

Regelmäßige Körper (Platonische Körper; Reguläre Polyeder)
Ein Körper heißt regelmäßig, wenn seine Oberfläche nur aus kongruenten regelmäßigen Vielecken besteht. Es gibt genau fünf regelmäßige Körper.

Tetraeder	Würfel	Oktaeder	Dodekaeder	Ikosaeder
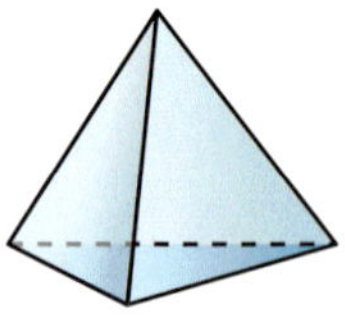	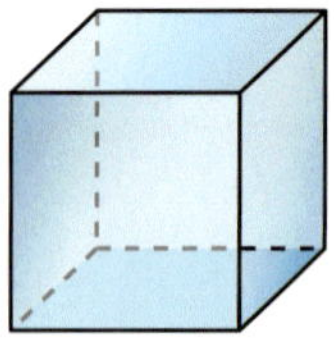	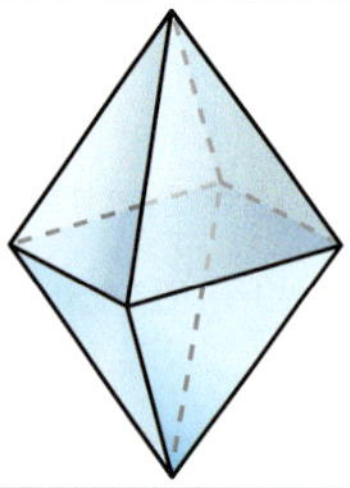	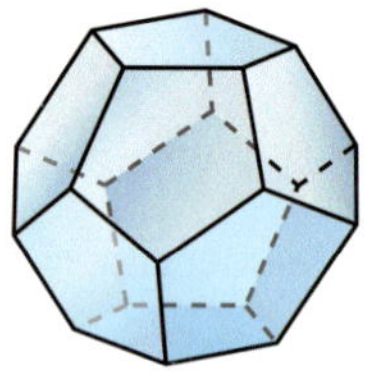	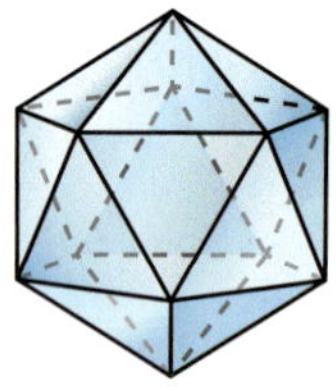
4 gleichseitige Dreiecke	6 Quadrate	8 gleichseitige Dreiecke	12 gleichseitige Fünfecke	20 gleichseitige Dreiecke
Oberflächeninhalt (a Kantenlänge)				
$O = a^2\sqrt{3}$	$O = 6a^2$	$O = 2a^2\sqrt{3}$	$O = 3a^2\sqrt{5(5 + 2\sqrt{5})}$	$O = 5a^2\sqrt{3}$

Beispiel 1 Volumen und Oberflächeninhalt einer Kugel
Berechne für eine Kugel mit $r = 7{,}5\,cm$ a) das Volumen und b) den Oberflächeninhalt.
Lösung:
a) $V = \frac{4}{3} \cdot \pi \cdot r^3 = \frac{4}{3} \cdot \pi \cdot (7{,}5\,cm)^3 \approx 1767\,cm^3$.
b) $O = 4 \cdot \pi \cdot r^2 = 4 \cdot \pi \cdot (7{,}5\,cm)^2 \approx 707\,cm^2$.

Beispiel 2 Volumen zusammengesetzter Körper
a) Fig. 1 zeigt die Grundform einer Sternwarte. Sie ist insgesamt 14 m hoch und hat den Umfang 25 m. Berechne ihr Volumen.
b) Welchen Radius hat die aufgesetzte Kuppel, wenn der Oberflächeninhalt des Aufsatzes $300\,m^2$ beträgt?
Lösung:
a) *Das Gebäude setzt sich aus einer Halbkugel und einem Zylinder zusammen. Den Radius erhält man aus dem Umfang. Für das Volumen V und die Oberfläche O einer Kugel mit Radius r findet man in einer Formelsammlung die Formeln* $V = \frac{4}{3}\pi r^3$ *und* $O = 4\pi r^2$.
In einem Kreis gilt: $U = 2\pi r$, also $r = \frac{U}{2\pi} = \frac{25\,m}{2\pi} \approx 3{,}98\,m$. $h = 14\,m - r \approx 10{,}02\,m$.
Halbkugel: $V_{HK} = \frac{2}{3}\pi r^3 \approx 132\,m^3$. Zylinder: $V_Z = \pi r^2 h \approx 498\,m^3$.
Das Gebäudevolumen beträgt $V_Z + V_{HK} \approx 630\,m^3$.
b) Bei einer Kugel gilt: $O = 4\pi r^2$. Folglich gilt für die aufgesetzte Halbkugel:
$O = 2\pi r^2 = 300\,m^2$ und somit $r = \sqrt{\frac{300\,m^2}{2\pi}} = \sqrt{\frac{150}{\pi}}\,m \approx 6{,}91\,m$.

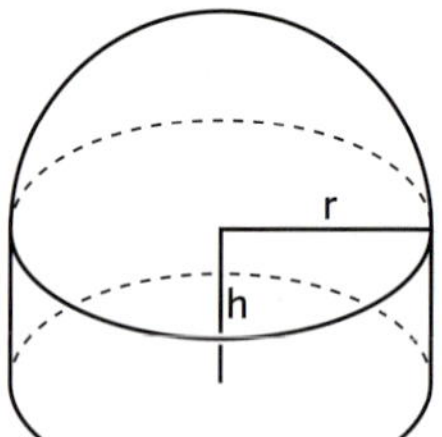

Fig. 1

6 Projektionen

Unter einer **Projektion** versteht man eine Abbildung des Raumes auf eine Ebene (die sogenannte Bildebene) mithilfe von Geraden. Diese Geraden nennt man **Projektionsgeraden**.

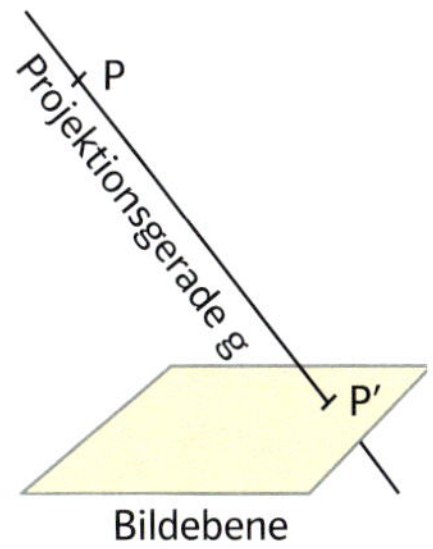

Fig. 1

Betrachtet man zu einem Punkt P des Raumes die durch P verlaufende Projektionsgerade g, so wird allen Punkten auf der Geraden g der Schnittpunkt P′ von g mit der Bildebene zugeordnet (Fig. 1). Sind die Projektionsgeraden zueinander parallel, so spricht man von einer **Parallelprojektion** (Fig. 2); gehen sie durch einen festen Punkt Z des Raumes, so spricht man von einer **Zentralprojektion** (Fig. 3).

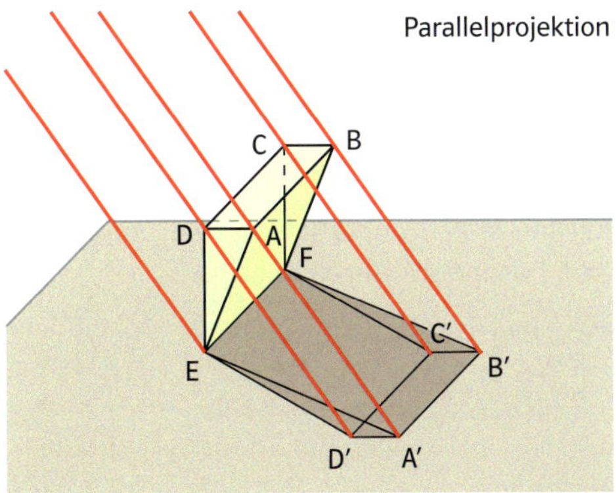

Fig. 2

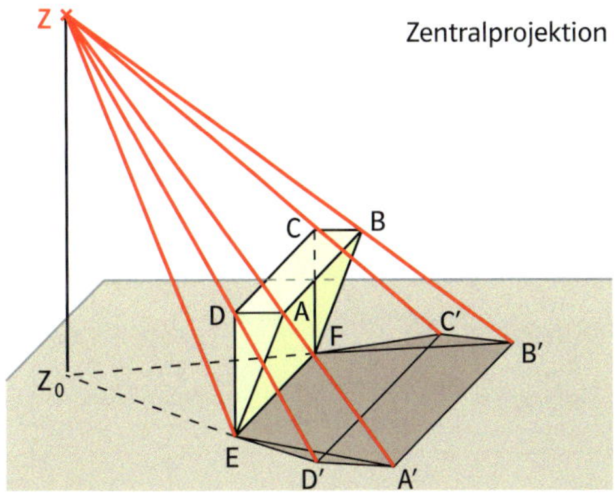

Fig. 3

Fig. 4 veranschaulicht die Eigenschaften der Parallelprojektion.

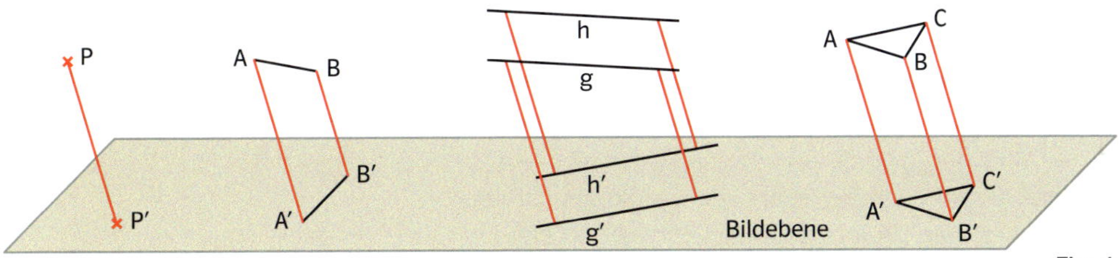

Fig. 4

Bei einer **Parallelprojektion** werden
(1) Geraden auf Geraden, Strecken auf Strecken,
(2) zueinander parallele Geraden auf zueinander parallele Geraden und
(3) zu einer Bildebene parallele Figuren auf dazu kongruente Figuren abgebildet.

Die Eigenschaften (1) und (2) gelten nur für Geraden und Strecken, die nicht parallel zu den Projektionsgeraden liegen.

Beispiel
Beschreibe das Bild eines Rechtecks bei einer Parallelprojektion. Denke auch an Sonderfälle.
Lösung:
Im Allgemeinen gilt: Das Bild ist ein Parallelogramm (wegen Eigenschaften (1) und (2)).
Sonderfälle: Liegt das Rechteck parallel zur Bildebene, so ist das Bild wieder ein Rechteck (wegen Eigenschaft (3)). Ist ein Seitenpaar des Rechtecks parallel zu den Projektionsgeraden, so ist das Bild eine Strecke.

IV Trigonometrie

1 Sinus und Kosinus

Stimmen verschiedene rechtwinklige Dreiecke zusätzlich in einem spitzen Winkel überein, so sind sie ähnlich, und entsprechende Seitenverhältnisse sind gleich groß (Fig. 1).
Aufgrund der Strahlensätze gelten in Fig. 1 die folgenden Beziehungen:
$\frac{b}{c} = \frac{b'}{c'}$ bzw. $\frac{a}{c} = \frac{a'}{c'}$.
Das Seitenverhältnis $\frac{b}{c}$ nennt man **Sinus von 30°** und das Seitenverhältnis $\frac{a}{c}$ nennt man **Kosinus von 30°**.

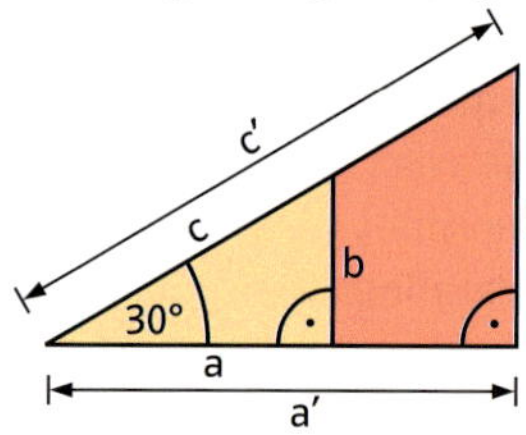

Fig. 1

In einem rechtwinkligen Dreieck mit dem spitzen Winkel α bezeichnet man die Kathete, die dem Winkel α gegenüberliegt, als **Gegenkathete** von α. Die dem Winkel α anliegende Kathete heißt **Ankathete** von α.

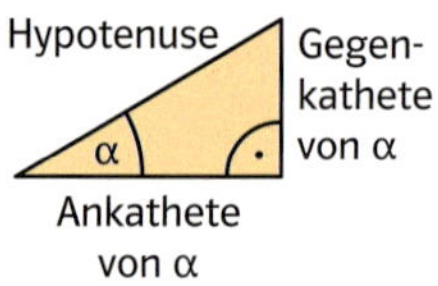

In rechtwinkligen Dreiecken, die in einem weiteren Winkel α übereinstimmen, sind die folgenden Seitenverhältnisse gleich und erhalten besondere Bezeichnungen:

$\mathbf{sin(\alpha)} = \frac{\textbf{Gegenkathete von } \alpha}{\textbf{Hypotenuse}}$ (gesprochen: Sinus von α)

$\mathbf{cos(\alpha)} = \frac{\textbf{Ankathete von } \alpha}{\textbf{Hypotenuse}}$ (gesprochen: Kosinus von α)

Achtung: Der Taschenrechner muss auf „Degree" (engl. Grad) eingestellt sein.

Die Werte für sin(α) und cos(α) lassen sich für jeden Winkel α mit dem Taschenrechner bestimmen. Zu einem vorgegebenen Winkel, z. B. α = 40°, erhält man mit dem Taschenrechner $\sin(40°) = 0{,}64278\ldots \approx 0{,}643$ bzw. $\cos(40°) = 0{,}76604\ldots \approx 0{,}766$.
Wenn man aus gegebenen Seitenlängen im rechtwinkligen Dreieck einen Winkel berechnen möchte, nutzt man beim Taschenrechner die Eingabe $\sin^{-1}$ bzw. $\cos^{-1}$.
Zu $\sin(\alpha) = \frac{1}{5} = 0{,}2$ erhält man den zugehörigen Winkel $\alpha = \sin^{-1}(0{,}2) = 11{,}53\ldots° \approx 11{,}5°$.

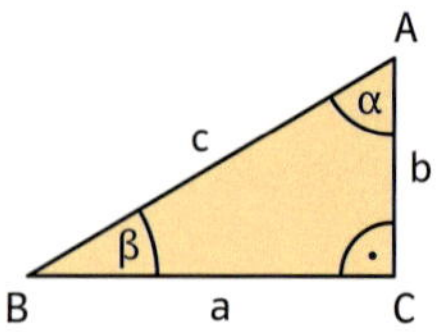

Fig. 2

Beispiel 1 Berechnungen am rechtwinkligen Dreieck
Gegeben ist das Dreieck ABC (mit γ = 90°) in Fig. 2.
a) Berechne die Längen der Seiten a und b, wenn c = 8,5 cm und α = 43° ist.
b) Berechne den Winkel β, wenn b = 6,7 cm und c = 7,3 cm lang ist.
Lösung:
a) $\sin(\alpha) = \frac{a}{c}$, also ist $a = c \cdot \sin(\alpha) = 8{,}5\,\text{cm} \cdot \sin(43°) \approx 5{,}8\,\text{cm}$.
Außerdem gilt: $\cos(\alpha) = \frac{b}{c}$, also ist $b = c \cdot \cos(\alpha) = 8{,}5\,\text{cm} \cdot \cos(43°) \approx 6{,}2\,\text{cm}$.
b) $\sin(\beta) = \frac{b}{c} = \frac{6{,}7}{7{,}3} \approx 0{,}918$. Der Taschenrechner liefert $\beta = \sin^{-1}\left(\frac{6{,}7}{7{,}3}\right) \approx 66{,}6°$.

Beispiel 2 Seitenverhältnisse
Gib zu $\sin(\alpha)$, $\sin(\beta)$, $\sin(\gamma_1)$ und $\sin(\gamma_2)$ sowie zu $\cos(\alpha)$, $\cos(\beta)$, $\cos(\gamma_1)$ und $\cos(\gamma_2)$ gehörende Seitenverhältnisse an.

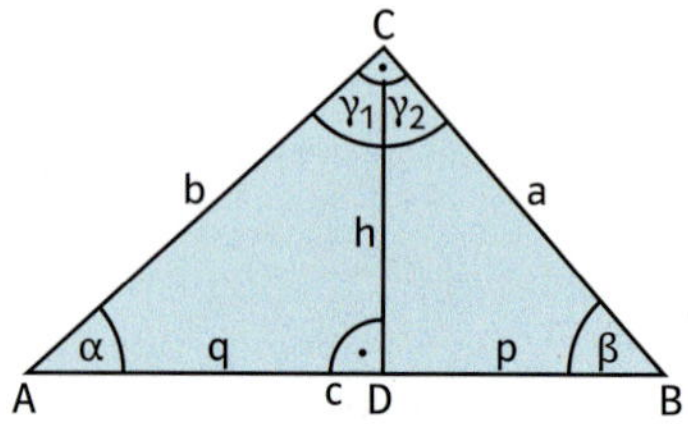

Lösung:
$\sin(\alpha) = \frac{a}{c} = \frac{h}{b}$; $\sin(\beta) = \frac{b}{c} = \frac{h}{a}$; $\sin(\gamma_1) = \frac{q}{b}$;
$\sin(\gamma_2) = \frac{p}{a}$; $\cos(\alpha) = \frac{b}{c} = \frac{q}{b}$; $\cos(\beta) = \frac{a}{c} = \frac{p}{a}$;
$\cos(\gamma_1) = \frac{h}{b}$; $\cos(\gamma_2) = \frac{h}{a}$

2 Tangens

Für Berechnungen am rechtwinkligen Dreieck ist es manchmal günstiger, statt der Seitenverhältnisse $\sin(\alpha) = \frac{a}{c} = \frac{\text{Gegenkathete}}{\text{Hypotenuse}}$ bzw. $\cos(\alpha) = \frac{b}{c} = \frac{\text{Ankathete}}{\text{Hypotenuse}}$ das Seitenverhältnis der Katheten zu verwenden.

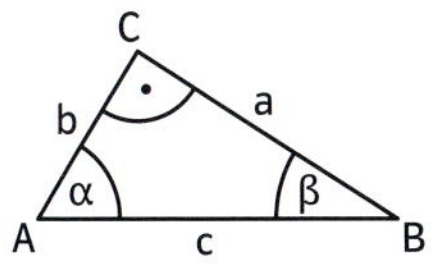

In rechtwinkligen Dreiecken, die in einem weiteren Winkel α übereinstimmen, ist das Seitenverhältnis der Gegenkathete zur Ankathete immer gleich und wird als **Tangens von α** bezeichnet.

$\mathbf{tan(\alpha)} = \frac{\textbf{Gegenkathete von } \alpha}{\textbf{Ankathete von } \alpha}$ (gesprochen: Tangens von α)

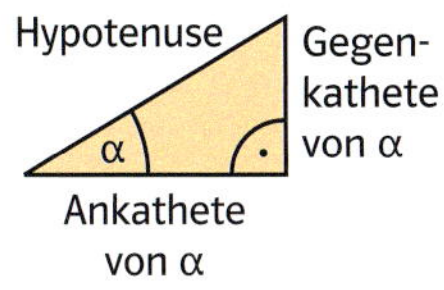

Wie die Werte für sin(α) und cos(α) lassen sich auch die Werte für tan(α) mit dem Taschenrechner bestimmen. Möchte man den Winkel α bestimmen, liefert die Taste $\tan^{-1}$ zu dem entsprechenden Seitenverhältnis den gesuchten Winkel.

Wenn man die Steigung bzw. das Gefälle, z.B. einer Straße angibt, verwendet man meist das Verhältnis von Gegenkathete zu Ankathete und gibt sie in Prozent an. Eine Straße, die auf 100 m in der Horizontalen 18 m ansteigt, hat eine Steigung von $\frac{18}{100} = 0{,}18 = 18\,\%$ (Fig. 1).

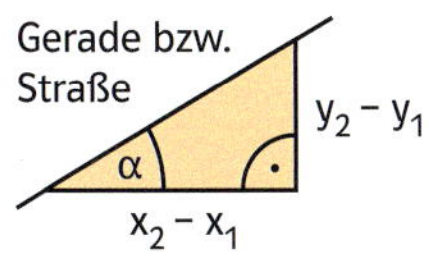

Steigung:

$m = \frac{(y_2 - y_1)}{(x_2 - x_1)} = \frac{18}{100} = 18\%$

Fig. 1

Möchte man den zur Steigung gehörigen Winkel berechnen, setzt man gleich:
$\tan(\alpha) = 18\,\% = 0{,}18$; also $\alpha = \tan^{-1}(0{,}18) \approx 10{,}2°$.

Beispiel 1 Berechnungen am rechtwinkligen Dreieck
a) Bestimme die Seite a in Fig. 2 für $b = 5{,}2\,\text{cm}$ und $\alpha = 62°$.
b) Bestimme die Seite b in Fig. 2 für $a = 8{,}5\,\text{m}$ und $\alpha = 27°$.
c) Bestimme den Winkel β in Fig. 2 für $a = 7{,}9\,\text{cm}$ und $b = 12{,}3\,\text{cm}$.
Lösung:
a) $\tan(\alpha) = \frac{a}{b}$, also ist $a = b \cdot \tan(\alpha) = 5{,}2\,\text{cm} \cdot \tan(62°) \approx 9{,}8\,\text{cm}$.
b) $\tan(\alpha) = \frac{a}{b}$, also ist $a = b \cdot \tan(\alpha)$ und damit $b = \frac{a}{\tan(\alpha)} = \frac{8{,}5\,\text{m}}{\tan(27°)} \approx 16{,}7\,\text{m}$.
c) $\tan(\beta) = \frac{b}{a} = \frac{12{,}3\,\text{cm}}{7{,}9\,\text{cm}} = \frac{123}{79}$.
Der Taschenrechner liefert $\beta = \tan^{-1}\left(\frac{123}{79}\right) \approx 57{,}3°$.

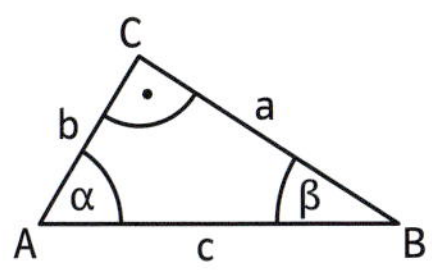

Fig. 2

Beispiel 2 Steigung einer Piste
Für einen Skiwettbewerb soll die 58 % steile Piste noch einmal geglättet werden. Laut Hersteller bewältigt die Skiraupe eine Steigung mit dem Steigungswinkel $\alpha = 25°$.
Untersuche, ob die Skiraupe zum Glätten der Piste eingesetzt werden kann.
Lösung:
Zunächst wird eine beschriftete Skizze angefertigt (vgl. Fig. 3).
Es gilt: $\tan(\alpha) = \frac{58}{100} = 0{,}58$, also
$\alpha = \tan^{-1}(0{,}58) \approx 30{,}11°$.
Die Skiraupe sollte nicht zum Glätten der Piste eingesetzt werden.

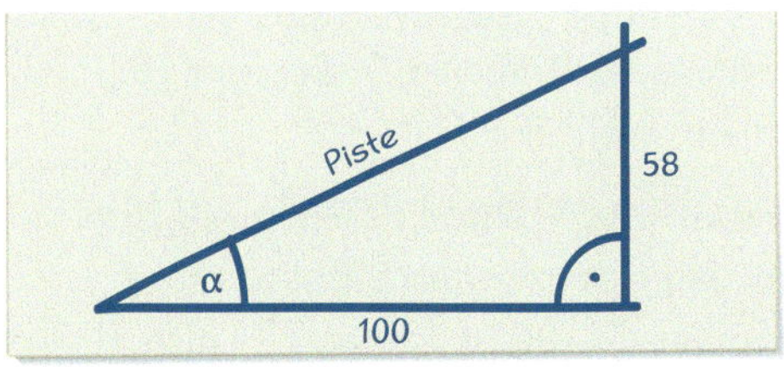

Fig. 3

3 Winkel- und Längenberechnungen

Sind in einem rechtwinkligen Dreieck eine Seite und ein weiterer Winkel oder zwei Seiten bekannt, dann lassen sich alle restlichen Seiten und Winkel des Dreiecks berechnen.

Sind Winkel gesucht, so kann man Seitenverhältnisse wie z. B. $\sin(\alpha) = \frac{a}{c}$ oder den Winkelsummensatz verwenden.
Sind Seiten gesucht, dann sind der Satz des Pythagoras oder ein umgeformtes Seitenverhältnis wie z. B. $a = b \cdot \tan(\alpha)$ nützlich.

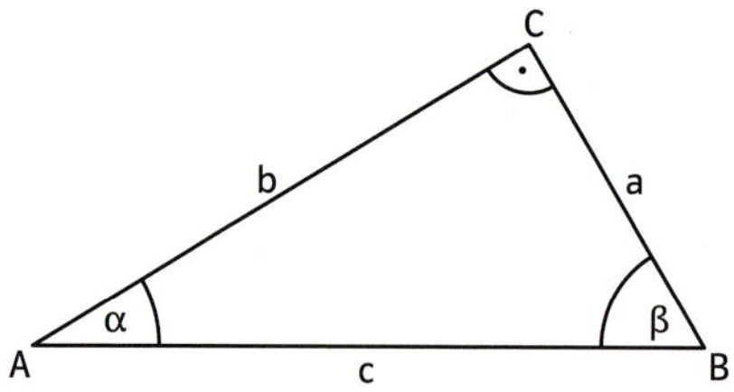

Winkel gesucht

- $\sin(\alpha) = \frac{a}{c}$
  $\cos(\alpha) = \frac{b}{c}$
  …
- $\gamma = 90°$
  $\alpha + \beta = 90°$

Seite gesucht

- $a^2 + b^2 = c^2$
- $\frac{a}{b} = \tan(\alpha)$
  $\frac{a}{c} = \sin(\alpha)$
  …

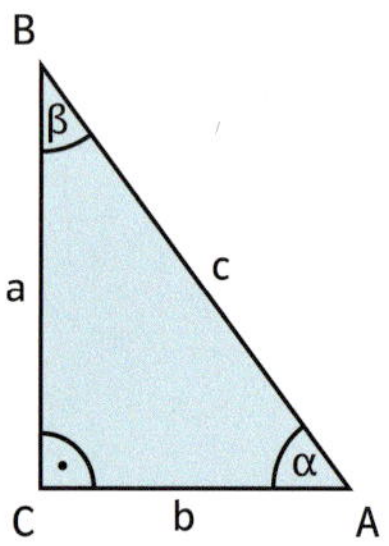

$\sin(\alpha) = \frac{a}{c}$; $\cos(\alpha) = \frac{b}{c}$;
$\tan(\alpha) = \frac{a}{b}$; $\sin(\beta) = \frac{b}{c}$;
$\cos(\beta) = \frac{a}{c}$; $\tan(\beta) = \frac{b}{a}$;
$\gamma = 90°$; $\alpha + \beta = 90°$;
$c^2 = a^2 + b^2$

Strategie zur Berechnung von Streckenlängen und Winkelgrößen in Figuren
1. Fertige eine Planskizze an und benenne alle gegebenen und gesuchten Strecken und Winkel.
2. Suche rechtwinklige Teildreiecke. Zeichne, falls nötig, Hilfslinien ein.
3. Berechne mithilfe der Seitenverhältnisse, des Satzes von Pythagoras und der Winkelsumme im Dreieck die gesuchten Streckenlängen und Winkelgrößen.

Beispiel
Von einem Dach kennt man die Maße.
a) Wie lang ist der Träger? Wie weit ist sein Fußpunkt vom Eckpunkt B entfernt? Fertige eine Skizze an, führe geeignete Bezeichnungen ein und rechne anschließend.
b) Wie lang ist der andere Dachsparren?

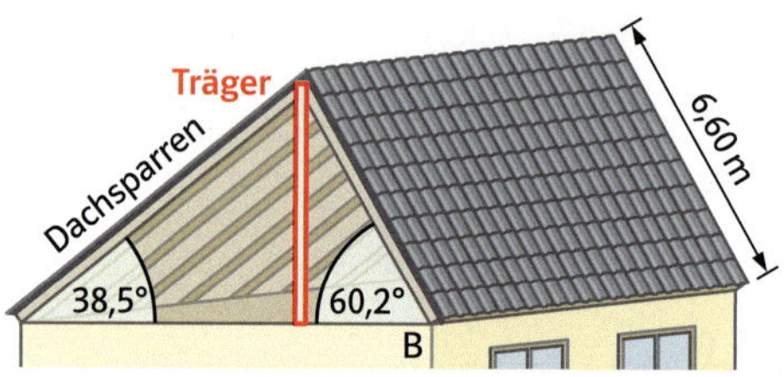

Lösung:
a) Länge des Trägers:
Im Dreieck DBC ist $\sin(\beta) = \frac{h}{a}$, also ist
$h = a \cdot \sin(\beta) = 6{,}60\,\text{m} \cdot \sin(60{,}2°) \approx 5{,}73\,\text{m}$.
Entfernung Fußpunkt D – Eckpunkt B:
$h^2 + p^2 = a^2$, also
$p = \sqrt{a^2 - h^2} \approx \sqrt{6{,}60^2 - 5{,}73^2}\,\text{m} \approx 3{,}28\,\text{m}$.

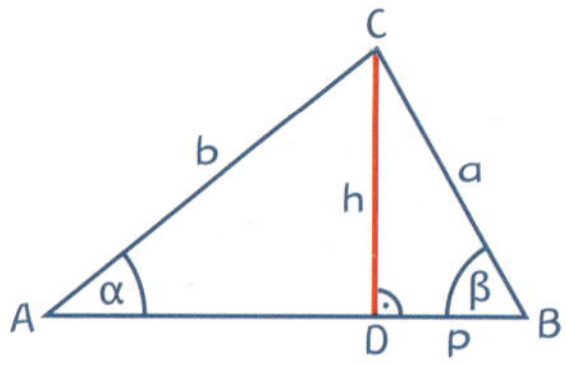

b) Länge des zweiten Dachsparrens b:
Im Dreieck ADC ist $\sin(\alpha) = \frac{h}{b}$, also $b = \frac{h}{\sin(\alpha)} \approx \frac{5{,}73\,\text{m}}{\sin(38{,}5°)} \approx 9{,}20\,\text{m}$.

1 Zehnerpotenzen

In den Naturwissenschaften und in anderen Anwendungsbereichen hat man häufig mit sehr großen Zahlen oder mit Zahlen sehr nahe bei null zu tun. Der Planet Saturn z. B. ist etwa 1400 000 000 km von der Sonne entfernt, der Durchmesser eines Kohlenstoffatoms beträgt lediglich 0,000 000 000 14 m. Um solche Zahlen kürzer und platzsparender schreiben und mit ihnen leichter rechnen zu können, stellt man sie mithilfe von Zehnerpotenzen dar.

Die Zahl 1000 000 000 (1 Milliarde) kann man auch schreiben als 10^9. Die Entfernung des Saturns von der Sonne lässt sich z. B. angeben mit $1400\,000\,000\,\text{km} = 1{,}4 \cdot 1\,000\,000\,000\,\text{km} = 1{,}4 \cdot 10^9\,\text{km}$. In Metern beträgt die Entfernung entsprechend $1{,}4 \cdot 10^{12}\,\text{m}$, man könnte auch sagen 1,4 Terameter (siehe die Angaben am Rand).

Vorsätze zur Bezeichnung großer Einheiten:
Deka (da): 10
Hekto (h): 10^2
Kilo (k): 10^3
Mega (M): 10^6
Giga (G): 10^9
Tera (T): 10^{12}
Peta (P): 10^{15}

Auch Zahlen sehr nah bei null wie z. B. $\frac{1}{100}$ kann man mit Zehnerpotenzen darstellen:

$$\begin{array}{ccccccccccccc} 10\,000 & \xrightarrow{:10} & 1000 & \xrightarrow{:10} & 100 & \xrightarrow{:10} & 10 & \xrightarrow{:10} & 1 & \xrightarrow{:10} & \frac{1}{10} & \xrightarrow{:10} & \frac{1}{100} \\ = & & = & & = & & = & & = & & = & & = \\ 10^4 & \rightarrow & 10^3 & \rightarrow & 10^2 & \rightarrow & 10^1 & \rightarrow & 10^0 & \rightarrow & 10^{-1} & \rightarrow & 10^{-2} \end{array}$$

An der Zahlenreihe erkennt man, dass eine Division durch 10 einer Verminderung des Exponenten um 1 entspricht. Durch Fortsetzung dieser Regel legt man die Bedeutung von Zehnerpotenzen mit negativen Hochzahlen fest. Der Durchmesser eines Kohlenstoffatoms z. B. beträgt ca. $0{,}000\,000\,000\,14\,\text{m} = 1{,}4 \cdot \frac{1}{10\,000\,000\,000}\,\text{m} = 1{,}4 \cdot \frac{1}{10^{10}}\,\text{m} = 1{,}4 \cdot 10^{-10}\,\text{m}$.
Wegen $1{,}4 \cdot 10^{-10} = 1{,}4 \cdot \frac{100}{100 \cdot 10^{10}} = 140 \cdot \frac{1}{10^{12}} = 140 \cdot 10^{-12}$ kann man auch sagen, der Durchmesser ist 140 Pikometer groß (siehe Angaben am Rand).

Vorsätze zur Bezeichnung kleiner Einheiten:
Dezi (d): 10^{-1}
Zenti (c): 10^{-2}
Milli (m): 10^{-3}
Mikro (μ): 10^{-6}
Nano (n): 10^{-9}
Piko (p): 10^{-12}

Zahlen können auch mithilfe von Zehnerpotenzen dargestellt werden:
$1{,}4 \cdot 10^9 = 1\,400\,000\,000 \quad 1{,}4 \cdot 10^{-10} = 0{,}000\,000\,000\,14$
Man legt fest: $10^0 = 1$ und $10^{-n} = \frac{1}{10^n} = \underbrace{0{,}0\ldots01}_{n\ \text{Dezimalstellen}}$ $(n \in \mathbb{N})$

Eine besondere Darstellung von Zahlen mit Zehnerpotenzen ist die sogenannte **wissenschaftliche Schreibweise** (engl. scientific notation, Abkürzung SCI); hierbei steht vor dem Komma nur eine von Null verschiedene Ziffer, z. B. $5{,}0 \cdot 10^{-7}$.
Taschenrechner oder Tabellenkalkulationsprogramme zeigen diese Zahl auch als $5_{\times 10}{}^{-7}$, 5 – 07, 5,0 E–7 oder 5 E–7 an. Das E steht für „Exponent zur Basis 10" und bedeutet „mal 10 hoch".

Die Zahl $5{,}0 \cdot 10^{-7}$ gibt man mit der „$x10^x$-Taste" oder der „E"-Taste in den Taschenrechner ein.

$1{,}234 \cdot 10^3$ bedeutet eine Kommaverschiebung um 3 Stellen nach rechts:
$1{,}234 \cdot 10^3 = 1234$

Bei $1{,}4 \cdot 10^{-2}$ verschiebt man das Komma um 2 Stellen nach links:
$1{,}4 \cdot 10^{-2} = 0{,}014$

Beispiel Zahlen in verschiedenen Schreibweisen darstellen
Gib in wissenschaftlicher Schreibweise bzw. in Dezimalzahlschreibweise an.

a) 520 000	b) 0,000 078	c) 0,008 01	d) 20 Milliarden
e) $2{,}54 \cdot 10^7$	f) $1{,}25 \cdot 10^{-8}$	g) $2{,}03 \cdot 10^4$	h) 10^{-9}

Lösung:

a) $5{,}2 \cdot 10^5$	b) $7{,}8 \cdot 10^{-5}$	c) $8{,}01 \cdot 10^{-3}$	d) $2 \cdot 10^{10}$
e) 25 400 000	f) 0,000 000 012 5	g) 20 300	h) 0,000 000 001

2 Potenzen mit gleicher Basis

Exponent ↓ 3^4 *Potenz*, ↑ *Basis*

$3^{-4} = \frac{1}{3^4}$

Es ist $0^n = 0$, aber 0^{-n} ist nicht definiert, da $0^{-n} = \frac{1}{0^n} = \frac{1}{0}$ wäre.

10^3 ist eine andere Schreibweise für $10 \cdot 10 \cdot 10$. Entsprechend schreibt man 3^4 für $3 \cdot 3 \cdot 3 \cdot 3$. Beides bezeichnet man als Potenzschreibweise mit der Basis 10 bzw. 3.

Basis 10	Basis 3	Basis −2	Basis a
$10^2 = 10 \cdot 10$	$3^2 = 3 \cdot 3$	$(-2)^2 = (-2) \cdot (-2)$	$a^2 = a \cdot a$
$10^1 = 10$	$3^1 = 3$	$(-2)^1 = (-2)$	$a^1 = a$
$10^0 = 1$	$3^0 = 1$	$(-2)^0 = 1$	$a^0 = 1$
⋮	⋮	⋮	⋮
$10^{-2} = \frac{1}{10^2}$	$3^{-2} = \frac{1}{3^2}$	$(-2)^{-2} = \frac{1}{(-2)^2}$	$a^{-2} = \frac{1}{a^2}$

Das Produkt zweier Potenzen mit gleicher Basis lässt sich wieder als Potenz schreiben, deren Exponent die Summe der beiden Exponenten ist.

$a^5 \cdot a^3 = (a \cdot a \cdot a \cdot a \cdot a) \cdot (a \cdot a \cdot a) = a \cdot a \cdot a \cdot a \cdot a \cdot a \cdot a \cdot a = a^8 = a^{5+3}$

Auf die gleiche Weise erhält man eine Regel für die Division von Potenzen mit gleicher Basis. Der Exponent des Ergebnisses ist jetzt die Differenz der beiden Exponenten.

$a^7 : a^4 = \frac{a^7}{a^4} = \frac{a \cdot a \cdot a \cdot a \cdot a \cdot a \cdot a}{a \cdot a \cdot a \cdot a} = \frac{a \cdot a \cdot a}{1} = a \cdot a \cdot a = a^3 = a^{7-4}$

Beide Regeln gelten auch dann, wenn die Exponenten nicht beide positiv sind oder die Differenz der Exponenten negativ wird.

Hier sind Klammern wichtig!
$(-2)^4 = (-2) \cdot (-2) \cdot (-2) \cdot (-2) = 16$
aber
$-2^4 = -2 \cdot 2 \cdot 2 \cdot 2 = -16$

Auch bei einer Potenz, deren Basis selbst eine Potenz ist, kann vereinfacht werden.

$(a^2)^3 = (a^2) \cdot (a^2) \cdot (a^2) = (a \cdot a) \cdot (a \cdot a) \cdot (a \cdot a) = a \cdot a \cdot a \cdot a \cdot a \cdot a = a^{2 \cdot 3}$

$(a^2)^{-3} = \frac{1}{(a^2)^3} = \frac{1}{a^{2 \cdot 3}} = a^{-(2 \cdot 3)} = a^{2 \cdot (-3)}$; $(a^{-2})^3 = \left(\frac{1}{a^2}\right)^3 = \frac{1}{(a^2)^3} = \frac{1}{a^{2 \cdot 3}} = a^{-(2 \cdot 3)} = a^{-2 \cdot 3}$

$(a^{-2})^{-3} = \frac{1}{(a^{-2})^3} = \frac{1}{a^{-2 \cdot 3}} = a^{2 \cdot 3} = a^{(-2) \cdot (-3)}$

Für **Potenzen mit gleicher Basis** a ($a \neq 0$) und ganzzahligen Exponenten p und q gilt: $a^p \cdot a^q = a^{p+q}$ $\quad a^p : a^q = \frac{a^p}{a^q} = a^{p-q}$

Für das **Potenzieren von Potenzen** gilt: $(a^p)^q = a^{p \cdot q}$

Beispiel 1 Multiplizieren und Dividieren von Potenzen mit gleicher Basis

Vereinfache. a) $6^5 \cdot 6^{-7}$ b) $a^{-4} : a^6$ c) $2^{k+1} \cdot 2^{k-2}$

Lösung: a) $6^5 \cdot 6^{-7} = 6^{-2} = \frac{1}{6^2}$ b) $a^{-4} : a^6 = a^{-4-6} = a^{-10} = \frac{1}{a^{10}}$

c) $2^{k+1} \cdot 2^{k-2} = 2^{(k+1)+(k-2)} = 2^{2k-1}$

Beispiel 2 Potenzieren von Potenzen

Vereinfache. a) $(3^2)^4$ b) $(5^3)^{-4}$ c) $((-2)^3)^2$

Lösung:

a) $(3^2)^4 = 3^{2 \cdot 4} = 3^8$ b) $(5^3)^{-4} = 5^{3 \cdot (-4)} = 5^{-12}$ c) $((-2)^3)^2 = (-2)^{3 \cdot 2} = (-2)^6$

Beispiel 3 Vereinfachen von Termen

Vereinfache. a) $3x^5 \cdot (-2x^{-4})$ b) $9^7 \cdot 3^5$

Lösung:

a) $3x^5 \cdot (-2x^{-4}) = -3 \cdot 2 \cdot x^5 \cdot x^{-4} = -6x$ b) $9^7 \cdot 3^5 = (3^2)^7 \cdot 3^5 = 3^{14} \cdot 3^5 = 3^{19}$

3 Potenzen mit gleichen Exponenten

Ein Produkt von Potenzen mit gleichen positiven Exponenten enthält verschiedene Faktoren, die gleich oft vorkommen. Ein solches Produkt lässt sich als Potenz schreiben.

$a^4 \cdot b^4 = (a \cdot a \cdot a \cdot a) \cdot (b \cdot b \cdot b \cdot b) = (a \cdot b) \cdot (a \cdot b) \cdot (a \cdot b) \cdot (a \cdot b) = (a \cdot b)^4$

Auf ähnliche Weise kann man auch Quotienten von Potenzen mit gleichen positiven Exponenten vereinfachen.

$a^2 : b^2 = \frac{a^2}{b^2} = \frac{a \cdot a}{b \cdot b} = \frac{a}{b} \cdot \frac{a}{b} = \left(\frac{a}{b}\right)^2$

Beide Regeln lassen sich leicht auf Potenzen mit negativen Exponenten übertragen.

$a^{-3} \cdot b^{-3} = \frac{1}{a^3} \cdot \frac{1}{b^3} = \frac{1}{(a \cdot b)^3} = (a \cdot b)^{-3}$ und $\frac{a^{-5}}{b^{-5}} = \frac{b^5}{a^5} = \left(\frac{b}{a}\right)^5 = \left(\left(\frac{b}{a}\right)^{-1}\right)^{-5} = \left(\frac{1}{\frac{b}{a}}\right)^{-5} = \left(\frac{a}{b}\right)^{-5}$

Für beliebige Basen a und b (a, b ≠ 0) und einen ganzzahligen Exponenten p gilt:
Potenzen mit gleichen Exponenten werden multipliziert (dividiert), indem man die Basen multipliziert (dividiert) und den Exponenten beibehält.

$a^p \cdot b^p = (a \cdot b)^p \qquad a^p : b^p = \frac{a^p}{b^p} = \left(\frac{a}{b}\right)^p$

Hierarchie der Rechenoperationen
1. *Potenzieren*
2. *Punktrechnung*
3. *Strichrechnung*

Für das Berechnen von Termen gilt: Potenzrechnung vor Punktrechnung vor Strichrechnung. Ein Term wie $2 \cdot 5^3 + 12^2 : 6$ kann so eindeutig berechnet werden, es gilt:
$2 \cdot 5^3 + 12^2 : 6 = 2 \cdot 125 + 144 : 6 = 250 + 24 = 274$.

Beispiel 1
Fasse zusammen.
a) $0{,}25^4 \cdot 12^4$ b) $15^{-2} : 5^{-2}$ c) $\frac{2^{-3}}{4^{-3}}$ d) $5^3 \cdot 8$

Lösung:
a) $0{,}25^4 \cdot 12^4 = (0{,}25 \cdot 12)^4 = 3^4 = 81$
b) $15^{-2} : 5^{-2} = (15 : 5)^{-2} = 3^{-2} = \frac{1}{3^2} = \frac{1}{9}$
c) $\frac{2^{-3}}{4^{-3}} = \left(\frac{2}{4}\right)^{-3} = \left(\frac{1}{2}\right)^{-3} = \frac{1}{\left(\frac{1}{2}\right)^3} = \frac{1^3}{\left(\frac{1}{2}\right)^3} = \left(\frac{1}{\frac{1}{2}}\right)^3 = 2^3 = 8$
d) $5^3 \cdot 8 = 5^3 \cdot 2^3 = (5 \cdot 2)^3 = 10^3 = 1000$

Beispiel 2
Forme um.
a) $125\,x^3$ b) $(a^2 \cdot b^{-5})^{-3}$ c) $(x^m y^2)^3$ d) $4^2 \cdot (-3)^4$

Lösung:
a) $125\,x^3 = 5^3 \cdot x^3 = (5\,x)^3$
b) $(a^2 \cdot b^{-5})^{-3} = (a^2)^{-3} \cdot (b^{-5})^{-3} = a^{-6} \cdot b^{15} = \frac{b^{15}}{a^6}$
c) $(x^m y^2)^3 = (x^m)^3 \cdot (y^2)^3 = x^{3m} y^6$
d) $4^2 \cdot (-3)^4 = (2^2)^2 \cdot (-3)^4 = 2^4 \cdot (-3)^4 = (2 \cdot (-3))^4 = (-6)^4$

4 Wurzeln – Potenzen mit rationalen Exponenten

Erweitert man die Potenzschreibweise auf Potenzen mit rationalen Exponenten, sollten auch die Potenzgesetze gelten. Damit müsste beispielsweise $\left(5^{\frac{1}{2}}\right)^2 = 5^{\frac{1}{2}\cdot 2} = 5^1 = 5$ gelten. Also kann man $5^{\frac{1}{2}}$ als eine andere Schreibform für $\sqrt{5}$ nehmen.
$5^{\frac{1}{3}}$ müsste dann diejenige positive Zahl sein, die mit 3 potenziert 5 ergibt.

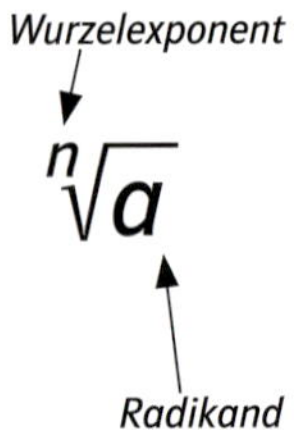

$a^{\frac{1}{n}}$ ist diejenige positive Zahl, deren n-te Potenz a ergibt ($a \geqq 0$ und $n \notin \{0; 1\}$).
Statt $a^{\frac{1}{n}}$ schreibt man auch $\sqrt[n]{a}$ (n-te Wurzel aus a).

Für Potenzen wie $2^{\frac{3}{4}}$ zeigen die folgenden Umformungen, wie der rationale Exponent gedeutet werden kann:
$2^{\frac{3}{4}} = 2^{3\cdot\frac{1}{4}} = (2^3)^{\frac{1}{4}} = \sqrt[4]{2^3} = \sqrt[4]{8}$ und $2^{\frac{3}{4}} = 2^{\frac{1}{4}\cdot 3} = \left(2^{\frac{1}{4}}\right)^3 = \left(\sqrt[4]{2}\right)^3$.

Für Potenzen mit negativen rationalen Exponenten werden die Rechenregeln für negative und für gebrochene Exponenten kombiniert:
$4^{-\frac{3}{5}} = \frac{1}{4^{\frac{3}{5}}} = \frac{1}{\left(4^{\frac{1}{5}}\right)^3} = \frac{1}{\left(\sqrt[5]{4}\right)^3} = \left(\sqrt[5]{4}\right)^{-3}$ und $4^{-\frac{3}{5}} = 4^{\frac{-3}{5}} = (4^{-3})^{\frac{1}{5}} = \left(\frac{1}{4^3}\right)^{\frac{1}{5}} = \frac{1^{\frac{1}{5}}}{(4^3)^{\frac{1}{5}}} = \frac{1}{\sqrt[5]{4^3}} = \frac{1}{\sqrt[5]{64}}$
$4^{-\frac{3}{5}} = (4^{-3})^{\frac{1}{5}} = \sqrt[5]{\frac{1}{4^3}} = \sqrt[5]{\frac{1}{64}}$

Warum lässt man als Basis keine negativen Zahlen zu?
Wäre dies möglich, so wäre $(-8)^{\frac{1}{3}} = -2$.
Andererseits gilt:
$(-8)^{\frac{2}{6}} = ((-8)^2)^{\frac{1}{6}} = 64^{\frac{1}{6}} = 2$.
Bei negativen Basen dürfte man dann Exponenten nicht erweitern oder kürzen.

Ist $a \geqq 0$, m eine ganze Zahl und n eine natürliche Zahl, so gilt: $a^{\frac{m}{n}}$ ist die n-te Wurzel von a^m und zugleich die m-te Potenz von $a^{\frac{1}{n}}$, das heißt
$a^{\frac{m}{n}} = a^{m\cdot\frac{1}{n}} = (a^m)^{\frac{1}{n}} = \sqrt[n]{a^m}$ und $a^{\frac{m}{n}} = a^{\frac{1}{n}\cdot m} = \left(a^{\frac{1}{n}}\right)^m = \sqrt[n]{a}^{\,m}$.

Beispiel 1 Potenzen mit rationalen Exponenten

Berechne. a) $8^{\frac{1}{3}}$ b) $100^{\frac{3}{2}}$ c) $4^{-\frac{1}{2}}$

Lösung:

a) $8^{\frac{1}{3}} = (2^3)^{\frac{1}{3}} = 2$ b) $100^{\frac{3}{2}} = \left(100^{\frac{1}{2}}\right)^3 = 10^3 = 1000$ c) $4^{\frac{-1}{2}} = (4^{-1})^{\frac{1}{2}} = \left(\frac{1}{4}\right)^{\frac{1}{2}} = \frac{1}{2}$

Beispiel 2 Rechnen mit rationalen Exponenten

Vereinfache. a) $7^{\frac{1}{2}}\cdot 7^{\frac{2}{3}}$ b) $a^{\frac{1}{4}} : a^{\frac{1}{2}}$ c) $\left(x^{-\frac{2}{5}}\right)^{\frac{3}{4}}$

Lösung:

a) $7^{\frac{1}{2}}\cdot 7^{\frac{2}{3}} = 7^{\frac{1}{2}+\frac{2}{3}} = 7^{\frac{3}{6}+\frac{4}{6}} = 7^{\frac{7}{6}}$ b) $a^{\frac{1}{4}} : a^{\frac{1}{2}} = a^{\frac{1}{4}-\frac{1}{2}} = a^{\frac{1}{4}-\frac{2}{4}} = a^{-\frac{1}{4}}$

c) $\left(x^{-\frac{2}{5}}\right)^{\frac{3}{4}} = x^{-\frac{2}{5}\cdot\frac{3}{4}} = x^{-\frac{3}{10}}$

Beispiel 3 Wurzelschreibweise

Vereinfache. a) $\sqrt[4]{4^2}$ b) $\sqrt[4]{a^6}\cdot\sqrt{a^5}$

Lösung:

a) $\sqrt[4]{4^2} = (4^2)^{\frac{1}{4}} = 4^{\frac{1}{2}} = 2$ b) $\sqrt[4]{a^6}\cdot\sqrt{a^5} = (a^6)^{\frac{1}{4}}\cdot(a^5)^{\frac{1}{2}} = a^{\frac{6}{4}}\cdot a^{\frac{5}{2}} = a^{\frac{6}{4}+\frac{5}{2}} = a^{\frac{16}{4}} = a^4$

5 Potenzgleichungen – Basis gesucht

Gleichungen der Form $\mathbf{x^n = a}$, $n \in \mathbb{N}$ und $n > 1$, bei denen x gesucht ist, heißen **Potenzgleichungen**. Man kann die Anzahl der Lösungen und deren Näherungswerte grafisch bestimmen. Dazu zeichnet man den Graphen der Funktion $y = x^n$ und die Gerade $y = a$. Jetzt kann man die x-Koordinaten der Schnittpunkte ablesen.

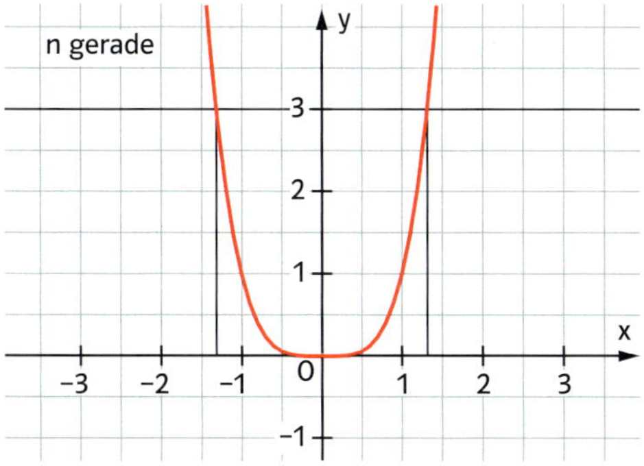

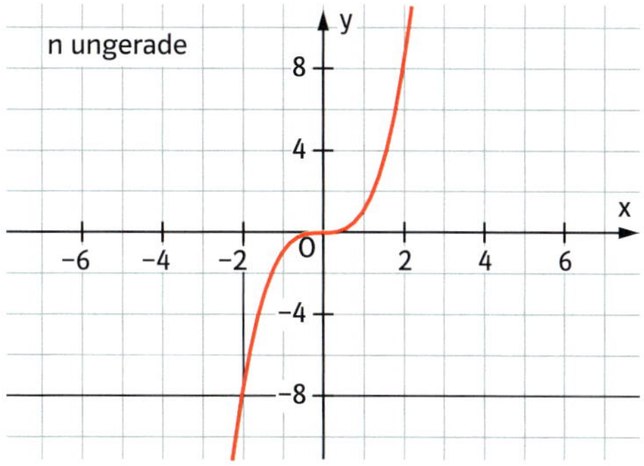

Wendet man die Potenzgesetze an, erhält man für die Gleichung $x^4 = 3$ die beiden Lösungen $3^{\frac{1}{4}}$ und $-3^{\frac{1}{4}}$. Die Gleichung $x^3 = -8$ hat nur die Lösung $x = -2$.

Bei den Lösungen einer Potenzgleichung $x^n = a$ muss man beachten, ob n gerade oder ungerade und $a > 0$ oder $a < 0$ ist.

Gleichung:	$x^4 = 16$	$x^4 = -16$	$x^3 = 125$	$x^3 = -125$
Lösung:	$x_1 = 16^{\frac{1}{4}} = 2$	keine Lösung	$x_1 = 125^{\frac{1}{3}} = 5$	$x_1 = -\left(125^{\frac{1}{3}}\right) = -5$
	und $x_2 = -16^{\frac{1}{4}} = -2$			

Gleichungen der Form $x^{\frac{p}{q}} = a$ mit $a > 0$ formt man folgendermaßen um:

$x^{\frac{2}{3}} = 5$ $\qquad \left(x^{\frac{2}{3}}\right)^{\frac{3}{2}} = 5^{\frac{3}{2}}$ $\qquad x = 5^{\frac{3}{2}}$

Da Potenzen mit rationalen Exponenten nur für positive Basen definiert sind, gibt es hier nur eine Lösung.

Beispiel 1 Potenzgleichungen mit ganzen Exponenten

Bestimme die Lösungen: a) $x^6 = 64$ b) $x^6 = -64$ c) $x^3 = -20$ d) $x^{-4} = 16$

Lösung:

a) $x_1 = 64^{\frac{1}{6}} = 2$; $x_2 = -64^{\frac{1}{6}} = -2$ b) keine Lösung

c) $x_1 = -|20|^{\frac{1}{3}} \approx -2{,}714$ d) $x_1 = 16^{-\frac{1}{4}} = \frac{1}{16^{\frac{1}{4}}} = \frac{1}{2}$

Beispiel 2 Potenzgleichungen mit rationalen Exponenten

Bestimme die Lösungen:

a) $x^{\frac{3}{2}} = 8$ b) $3x^{\frac{2}{3}} = 5$ c) $\sqrt[5]{x^3} = 7$

Lösung:

a) $x^{\frac{3}{2}} = 8$
$x = 8^{\frac{2}{3}}$
$x_1 = 4$

b) $3x^{\frac{2}{3}} = 5$
$x^{\frac{2}{3}} = \frac{5}{3}$
$x_1 = \left(\frac{5}{3}\right)^{\frac{3}{2}} \approx 2{,}152$

c) $\sqrt[5]{x^3} = 7$
$x^{\frac{3}{5}} = 7$
$x_1 = 7^{\frac{5}{3}} \approx 25{,}615$

6 Logarithmus

Die Gleichung $2^x = 16$ lässt sich leicht lösen, da 16 sich als eine Potenz von 2 darstellen lässt: $2^x = 16 = 2^4$, also $x = 4$. Die Gleichung $2^x = 5$ kann man auf diese Weise nicht lösen. Gesucht ist der Exponent, mit dem man 2 potenzieren muss, um 5 zu erhalten, dafür schreibt man kürzer $\log_2(5)$.

Den Logarithmus zur Basis 10 nennt man Zehnerlogarithmus, kurz bezeichnet mit lg(b) oder log(b).

Der **Logarithmus von b zur Basis a** ist diejenige Zahl, mit der man a potenzieren muss, um b zu erhalten. Dafür schreibt man $\mathbf{x = \log_a(b)}$, $a, b > 0$.

Man setzt $x = \log_a(u)$ und $y = \log_a(v)$. Dann ist nach Definition $a^x = u$ und $a^y = v$.

Damit gilt: $\log_a(u \cdot v) = \log_a(a^x \cdot a^y)$

Anwenden der Potenzgesetze ergibt: $= \log_a(a^{x+y})$

Mit der Definition des Logarithmus gilt: $= x + y = \log_a(u) + \log_a(v)$

Analog kann man weitere Regeln mithilfe der Potenzgesetze zeigen:

Logarithmengesetze

Für $u > 0,\ v > 0,\ a > 0,\ a \neq 1$ gilt:

1. $\log_a(u \cdot v) = \log_a(u) + \log_a(v)$,
2. $\log_a(u : v) = \log_a(u) - \log_a(v)$,
3. $\log_a(u^r) = r \cdot \log_a(u)$.

Das Beispiel zeigt jeweils zwei Lösungswege. Der erste benutzt die Definition des Logarithmus, der zweite beruht darauf, dass Logarithmieren und Potenzieren sich gegenseitig aufheben.

Beispiel 1 Logarithmen berechnen

Bestimme.

a) $\log_2(8)$ b) $\log_{10}(100\,000)$ c) $\log_9\left(\frac{1}{81}\right)$ d) $\log_3(\sqrt{27})$

Lösung:

a) $\log_2(8) = 3$, *denn* $2^3 = 8$ *oder* $\log_2(8) = \log_2(2^3) = 3$

b) $\log_{10}(100\,000) = 5$, *denn* $10^5 = 100\,000$ *oder* $\log_{10}(100\,000) = \log_{10}(10^5) = 5$

c) $\log_9\left(\frac{1}{81}\right) = -2$, *denn* $9^{-2} = \frac{1}{9^2} = \frac{1}{81}$ *oder* $\log_9\left(\frac{1}{81}\right) = \log_9(9^{-2}) = -2$

d) $\log_3(\sqrt{27}) = \frac{3}{2}$, *denn* $3^{\frac{3}{2}} = (3^3)^{\frac{1}{2}} = \sqrt{27}$ *oder* $\log_3(\sqrt{27}) = \log_3\left(3^{\frac{3}{2}}\right) = \frac{3}{2}$

Beispiel 2 Logarithmen von Potenzen

Berechne. a) $\log_6(36^{3,2})$ b) $\log_5\left(\frac{1}{\sqrt[3]{25}}\right)$

Lösung:

a) $\log_6(36^{3,2}) = 3{,}2 \cdot \log_6(36) = 3{,}2 \cdot 2 = 6{,}4$ b) $\log_5\left(\frac{1}{\sqrt[3]{25}}\right) = \log_5\left(25^{-\frac{1}{3}}\right) = -\frac{1}{3} \cdot 2 = -\frac{2}{3}$

Beispiel 3 Logarithmengesetze anwenden

Vereinfache. a) $\log_4(5) + 2 \cdot \log_4(6)$ b) $4 \cdot \log_2(3) - \log_2(9)$

Lösung:

a) $\log_4(5) + 2 \cdot \log_4(6) = \log_4(5) + \log_4(6^2) = \log_4(5 \cdot 36) = \log_4(180)$

b) $4 \cdot \log_2(3) - \log_2(9) = \log_2(3^4) - \log_2(9) = \log_2\left(\frac{81}{9}\right) = \log_2(9)$

7 Exponentialgleichungen

Eine Gleichung der Form $7^x = 12$, bei der die Variable im Exponenten steht, nennt man **Exponentialgleichung**. Die Gleichung hat die Lösung $x = \log_7(12)$. Will man eine Näherungslösung angeben, kann man mithilfe der Berechnung des $\log_{10}$ folgendermaßen vorgehen:

Üblicherweise kann man mit dem Taschenrechner nicht jeden Logarithmus direkt berechnen, wohl aber den Logarithmus zur Basis 10.

$7^x = 12$

$\log(7^x) = \log(12)$ Auf beiden Seiten der Gleichung wird logarithmiert.

$x \cdot \log(7) = \log(12)$ Anwenden der Potenzregel für Logarithmen.

$x = \frac{\log(12)}{\log(7)} \approx 1{,}2769$ Mithilfe des Taschenrechners lässt sich der Quotient bestimmen.

Die Exponentialgleichung $a^x = b$ hat die Lösung $x_1 = \log_a(b)$ bzw. $x_1 = \frac{\log(b)}{\log(a)}$.

Beispiel 1

Löse die Exponentialgleichung $1{,}2^{4x-7} = 9$.

Lösung:

$1{,}2^{4x-7} = 9$

Wende auf die gegebene Gleichung den Zehnerlogarithmus an: $\log(1{,}2^{4x-7}) = \log(9)$

Benutze das 3. Logarithmengesetz: $(4x-7)\cdot\log(1{,}2) = \log(9)$

Vereinfache und löse: $4x - 7 = \frac{\log(9)}{\log(1{,}2)}$

$x = \left(\frac{\log(9)}{\log(1{,}2)} + 7\right) : 4$

$x \approx 4{,}763$

Beispiel 2

Löse die Exponentialgleichung $2^{3x-1} = 32$.

Lösung:

Da sich $32 = 2^5$ als Potenz von 2 schreiben lässt, kann man die Gleichung durch Vergleich der Exponenten lösen.

$2^{3x-1} = 32$

Schreibe 32 als Zweierpotenz: $2^{3x-1} = 2^5$

Vergleiche die Exponenten: $3x - 1 = 5;\ 3x = 6;\ x = 2$

Beispiel 3

Löse die Exponentialgleichung $12\cdot 5^x + 40 = 3\cdot 5^x + 265$.

Lösung:

$12\cdot 5^x + 40 = 3\cdot 5^x + 265$

Gleichung auf die Form $a^x = b$ bringen: $9\cdot 5^x = 225$

Schreibe 25 als Fünferpotenz: $5^x = 25$

Vergleiche die Exponenten: $5^x = 5^2$

$x = 2$

VI Wachstumsvorgänge

1 Zunahme und Abnahme bei Wachstum

Bei vielen Größen verändert sich der **Bestand B** mit der Zeit, z.B. die Einwohnerzahl einer Stadt oder das Körpergewicht eines Menschen. Solche Veränderungen fasst man unter dem Begriff **Wachstum** zusammen, unabhängig davon, ob der Bestand zu- oder abnimmt.

Zeit t nach Einnahme (in h)	Alkoholmenge B(t) (in g)
0	0
1	3,5
2	5,0
3	4,5
4	3,75
5	3,0
6	2,25

Nach dem Konsum von Alkohol kann man diesen im Blut nachweisen. In einem Experiment wird nach dem Konsum die im Blut befindliche Alkoholmenge in jeweils gleichen Zeitabständen gemessen. Die Tabelle zeigt Messwerte für einen Erwachsenen nach dem Konsum von 50 g Alkohol (zum Beispiel etwa 1 Liter Bier).

Um zu beschreiben, wie schnell sich der Blutalkohol im Lauf der Zeit ändert, betrachtet man die Änderungen innerhalb von Zeitschritten. Dabei kann man unterschiedlich vorgehen.

1. Man betrachtet die **(absolute) Änderung** für einen Zeitschritt. Dazu berechnet man die Differenz der Werte.
Änderung von der 1. zur 2. Stunde:
$B(2) - B(1) = 5{,}0 - 3{,}5 = 1{,}5$
Die Alkoholmenge im Blut nimmt von der 1. zur 2. Stunde um 1,5 g zu.
Änderung von der 2. zur 3. Stunde:
$B(3) - B(2) = 4{,}5 - 5{,}0 = -0{,}5$
Die Alkoholmenge im Blut nimmt von der 2. zur 3. Stunde um 0,5 g ab.

2. Man betrachtet die **relative** oder **prozentuale Änderung** für einen Zeitschritt.
Relative Änderung von der 1. zur 2. Stunde:
$\frac{B(2) - B(1)}{B(1)} = \frac{1{,}5}{3{,}5} \approx 0{,}43 = 43\,\%$
Die Alkoholmenge im Blut nimmt von der 1. zur 2. Stunde um 43 % zu.
Relative Änderung von der 2. zur 3. Stunde:
$\frac{B(3) - B(2)}{B(2)} = \frac{-0{,}5}{5} = -0{,}1 = -10\,\%$
Die Alkoholmenge im Blut nimmt von der 2. zur 3. Stunde um 10 % ab.

Für jeden Zeitschritt zwischen zwei Zeitpunkten n und $n + 1$ kann man das **Wachstum** eines Bestandes B auf verschiedene Weisen beschreiben.
1. Man gibt die **absolute Änderung** als Differenz $d = B(n + 1) - B(n)$ von aufeinanderfolgenden Werten an.
2. Man gibt die **relative** oder **prozentuale Änderung** als Quotient $p = \frac{B(n + 1) - B(n)}{B(n)}$ an.

Beispiel
Die öffentlichen Ausgaben in Deutschland für die Jahre 2002, 2003 und 2004 betrugen 993 Milliarden €, 1001 Milliarden € und 990 Milliarden €.
a) Gib jeweils die jährliche Änderung und die jährliche prozentuale Änderung an.
b) Die Ausgaben für 2005 änderten sich gegenüber 2004 um 0,6 %. Bestimme die Höhe der Ausgaben für 2005.
Lösung:

a)

	2003 gegenüber 2002	2004 gegenüber 2003
Änderung	8 Milliarden €	−11 Milliarden €
relative Änderung	$\frac{8}{993} \approx 0{,}0081$ Zunahme etwa 0,81 %	$\frac{-11}{1001} \approx -0{,}011$ Abnahme etwa 1,1 %

b) *Die Zunahme von 0,6 % entspricht einer Multiplikation mit dem Faktor 1,006.*
$990 \cdot 1{,}006 \approx 996$ Die Ausgaben im Jahr 2005 betrugen etwa 996 Milliarden €.

2 Lineares und exponentielles Wachstum

Zur Entwicklung eines Bestandes von Antilopen werden zwei Prognosen aufgestellt:

1. Prognose:
Die Zahl der Antilopen wird jährlich um ca. 3000 zunehmen.

2. Prognose:
Die Zahl der Antilopen wird jährlich um ca. 10 % zunehmen.

Die Tabellen zeigen die mögliche Entwicklung der Antilopenzahl. Dabei bezeichnet B(n) die Zahl der Antilopen n Jahre nach der ersten Zählung.

Jahr n	0	1	2	3	…	10
B(n) in Tsd.	30	33	36	39	…	60

+3000 +3000 +3000

Jahr n	0	1	2	3	…	10
B(n) in Tsd.	30	33	36,3	39,9	…	77,8

$\cdot 1{,}1$ $\cdot 1{,}1$ $\cdot 1{,}1$

Diese verschiedenen Wachstumsformen nennt man **lineares Wachstum** (1. Prognose) und **exponentielles Wachstum** (2. Prognose).
In beiden Fällen kann man den Bestand B(n + 1) berechnen, wenn man B(n) kennt.
1. Prognose: $B(n+1) = B(n) + 3000$. 2. Prognose: $B(n+1) = B(n) \cdot 1{,}1$.
Diese rechnerische Darstellung nennt man **rekursive Darstellung** eines Wachstums.

__recurrere__ (lat.): zurückgehen

Man kann die Antilopenzahlen z. B. für das 10. Jahr auch direkt berechnen:
1. Prognose:
$B(\mathbf{10}) = 30\,000 + \mathbf{10} \cdot 3000 = 60\,000$.
2. Prognose: $B(\mathbf{10}) = 30\,000 \cdot \underbrace{1{,}1 \cdot 1{,}1 \ldots \cdot 1{,}1}_{\text{10-mal}}$

$B(\mathbf{10}) = 30\,000 \cdot 1{,}1^{10} \approx 77\,800$.
Diese rechnerische Darstellung nennt man **explizite Darstellung** eines Wachstums.

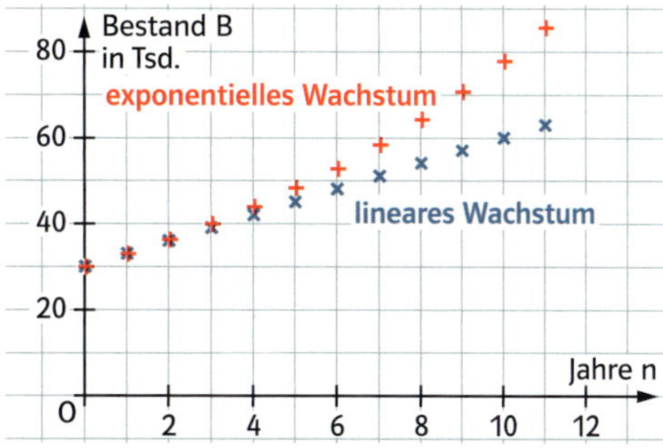

Bei der grafischen Darstellung von linearem Wachstum liegen die Punkte auf einer Geraden. Deshalb heißt es „lineares" Wachstum.

__explicare__ (lat.): entwickeln

Lineares Wachstum
Die Differenz $d = B(n) - B(n-1)$ ist konstant und heißt **Wachstumsrate**.
rekursive Berechnung: $B(n) = B(n-1) + d$
explizite Berechnung: $B(n) = B(0) + n \cdot d$

Exponentielles Wachstum
Der Quotient $q = \frac{B(n)}{B(n-1)}$ ist konstant und heißt **Wachstumsfaktor**.
rekursive Berechnung: $B(n) = q \cdot B(n-1)$
explizite Berechnung: $B(n) = B(0) \cdot q^n$

Der Wachstumsfaktor q ist stets positiv.
$0 < q < 1$: Abnahme
$q > 1$: Zunahme

Eine negative Wachstumsrate d bedeutet Abnahme.

Beispiel Unterscheiden von linearem und exponentiellem Wachstum
Untersuche für beide Tabellen, ob lineares oder exponentielles Wachstum vorliegt.

n	0	1	2	3	4	5
B(n)	9,4	8,2	7,0	5,8	4,6	3,4

n	0	1	2	3	4
B(n)	1,6	2,0	2,5	3,125	3,906

Lösung:
Die Differenz d aufeinanderfolgender Bestände ist immer $d = -1{,}2$. Es handelt sich um lineares Wachstum (lineare Abnahme).

Der Quotient q aufeinanderfolgender Bestände ist immer $q = 1{,}25$. Es handelt sich um exponentielles Wachstum (exponentielle Zunahme).

3 Rechnen mit exponentiellem Wachstum

Bei exponentiellem Wachstum spielen die vier Größen Anfangsbestand B(0), Wachstumsfaktor q, Anzahl der Zeitschritte t und schließlich der Bestand B(t) nach t Zeitschritten zusammen. Diese Größen sind durch die Formel $\mathbf{B(t) = B(0) \cdot q^t}$ verbunden.
Beispiel der Zinseszinsrechnung

<table>
<tr><th></th><th>Fragen von verschiedenen Kunden:</th><th>Einsatz der Formel $B(t) = B(0) \cdot q^t$:</th></tr>
<tr><td>B(t) gesucht
$B(t) = B(0) \cdot q^t$</td><td>Herr Schatz legt 1000 € für 8 Jahre zu einem festen Zinssatz von 5,2% an. Wie groß ist sein Guthaben nach Ablauf der Anlegezeit?</td><td>Gegeben: $B(0) = 1000$; $p = 5{,}2\%$; $t = 8$
Gesucht: $B(8)$
Formel: $\mathbf{B(8)} = 1000 \cdot 1{,}052^8 \approx 1500{,}12$
Das Guthaben beträgt 1500,12 €.</td></tr>
<tr><td>B(0) gesucht
$B(0) = \frac{B(t)}{q^t}$</td><td>Frau Lauers möchte in 25 Jahren mindestens 10 000 € angespart haben. Welchen Betrag muss sie dazu bei einem festen Zinssatz von 4,5% anlegen?</td><td>Gegeben: $t = 25$; $B(25) = 10\,000$; $p = 4{,}5\%$
Gesucht: $B(0)$
Formel: $10\,000 = \mathbf{B(0)} \cdot 1{,}045^{25}$ $\quad |:1{,}045^{25}$
$B(0) \approx 3327{,}31$ €
Sie muss mindestens 3327,31 € anlegen.</td></tr>
<tr><td>q gesucht
Gleichung
$q^t = \frac{B(t)}{B(0)}$
$q = \sqrt[t]{\frac{B(t)}{B(0)}}$
Da q immer positiv ist, ist auch die Lösung positiv.</td><td>Herr Reichelt möchte 3000 € zu einem festen Zinssatz anlegen und dieses Kapital in 12 Jahren verdoppeln. Wie hoch muss der Zinssatz mindestens sein?</td><td>Gegeben: $B(0) = 3000$; $t = 12$; $B(12) = 6000$
Gesucht: p mit $p = q - 1$
Formel: $6000 = 3000 \cdot \mathbf{q}^{12}$ $\quad |:3000$
$q^{12} = 2$ $\quad | \sqrt[12]{}$ $(q > 0)$
$q = \sqrt[12]{2} \approx 1{,}05946$
$p = q - 1 \approx 6\%$
Der Zinssatz muss mindestens 6% betragen.</td></tr>
<tr><td>t gesucht
Gleichung
$q^t = \frac{B(t)}{B(0)}$
Alternative:
Berechnung von t mit dem Logarithmus:
$t = \log_{10}\left(\frac{B(t)}{B(0)}\right) : \log_{10}(q)$
$= \log_{10}(1{,}6) : \log_{10}(1{,}048)$
$\approx 10{,}02$</td><td>Frau Leinen möchte 5000 € anlegen und so lange sparen, bis das Guthaben auf mindestens 8000 € angewachsen ist. Wie lange dauert das bei einem festen Zinssatz von 4,8%?</td><td>Gegeben: $B(0) = 5000$; $B(t) = 8000$; $p = 4{,}8\%$
Gesucht: t
Formel: $8000 = 5000 \cdot 1{,}048^t$ $\quad |:5000$
$1{,}048^t = 1{,}6$
Eine Wertetabelle (oder ein Diagramm) liefert:
<table><tr><th>t</th><th>8</th><th>9</th><th>10</th><th>11</th></tr><tr><td>$1{,}048^t$</td><td>≈ 1,455</td><td>≈ 1,525</td><td>≈ 1,598</td><td>≈ 1,675</td></tr></table>Nach 10 Jahren liegt das Guthaben mit $5000 \cdot 1{,}048^{10} \approx 7991$ € noch unter 8000 €.
Also: $t = 11$.</td></tr>
</table>

Beispiel Einen Wertverlust ermitteln
Frau Mühe hat vor vier Jahren für 12 800 € ein Auto gekauft, das bereits drei Jahre alt war, und es nun für 8000 € verkauft.
a) Wie groß war der jährliche Wertverlust des Autos?
b) Wie hoch könnte der Neupreis gewesen sein? Gehe von dem Wertverlust in Teilaufgabe a) aus.
Lösung:

Denke daran, Ergebnisse sinnvoll zu runden. Eine Angabe wie 18 157 € in Beispiel b) wäre für einen Schätzwert nicht so sinnvoll.

a) Da das Auto beim Kauf bereits drei Jahre alt war, sind $B(3) = 12\,800$ und $B(7) = 8000$ bekannt und wegen $7 - 3 = 4$ gilt dann: $B(7) = B(3) \cdot q^4$. Man erhält die Gleichung: $q^4 = \frac{B(7)}{B(3)} = \frac{8000}{12\,800} = 0{,}625$. Das Wurzelziehen liefert: $q = \sqrt[4]{0{,}625} \approx 0{,}89$; also ist $p = q - 1 \approx -11\%$. Der jährliche Wertverlust betrug etwa 11%.
b) Gegeben sind $B(3) = B(0) \cdot q^3 = 12\,800$ und $q = 1 + p = 1 - 0{,}11 = 0{,}89$; gesucht ist $B(0)$. Umformung und Einsetzen liefern: $B(0) = \frac{12\,800}{q^3} = \frac{12\,800}{0{,}89^3} \approx 18\,157$. Der Neupreis könnte 18 000 € betragen haben.

4 Beschränktes Wachstum

Ein Unternehmen geht für die Prognose über die erwarteten Verkaufszahlen einer Maschine von folgenden Grundannahmen aus:

1. Es werden maximal 1 000 000 Maschinen verkauft.
2. In jedem Jahr werden 20 % der noch möglichen Verkäufe getätigt.

Die Zahl der noch möglichen Verkäufe nennt man auch ***Sättigungsmanko****.*

Man kann nun die Anzahl B(n) der bis zum Jahr n insgesamt verkauften Maschinen schrittweise berechnen.

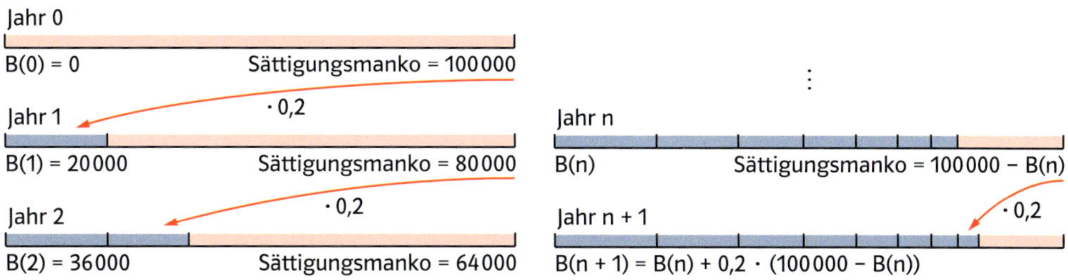

Beschränktes Wachstum mit der **Schranke S** liegt vor, wenn die absolute Änderung für einen Zeitschritt proportional zur Differenz $S - B(n)$ ist.

Bei einem beschränkten Wachstum mit der Schranke S und dem Proportionalitätsfaktor c kann man $B(n+1)$ aus $B(n)$ schrittweise von $B(0)$ ausgehend berechnen:

$$B(n+1) = B(n) + c \cdot (S - B(n)).$$

Je größer c ist, desto schneller nähert sich B(n) der Schranke S.

Beispiel Beschränktes Wachstum schrittweise berechnen

Für ein beschränktes Wachstum gilt die rekursive Darstellung:

$B(0) = 100$ und $B(n+1) = B(n) + 0{,}15 \cdot (800 - B(n))$.

a) Berechne den Bestand $B(n)$ für $0 \leqq n \leqq 3$.

b) Bestimme $B(20)$ mit dem GTR und veranschauliche das Wachstum grafisch.

Lösung:

a) $B(1) = B(0) + 0{,}15 \cdot (800 - B(0)) = 100 + 0{,}15 \cdot (800 - 100) = 205.$

$B(2) = B(1) + 0{,}15 \cdot (800 - B(1)) = 205 + 0{,}15 \cdot (800 - 205) \approx 294.$

$B(3) = B(2) + 0{,}15 \cdot (800 - B(2)) = 294 + 0{,}15 \cdot (800 - 294) \approx 370.$

b) *Vor der Eingabe der Formel muss die Rekursionsformel zuerst umgeschrieben werden: Statt* $B(n+1) = B(n) + 0{,}15 \cdot [800 - B(n)]$ *schreibt man* $B(n) = B(n-1) + 0{,}15 \cdot [800 - B(n-1)]$.

Es hängt vom verwendeten GTR ab, ob man die Rekursionsformel umschreiben muss.

1. Eingabe der Formel

2. Wertetabelle

3. Graph

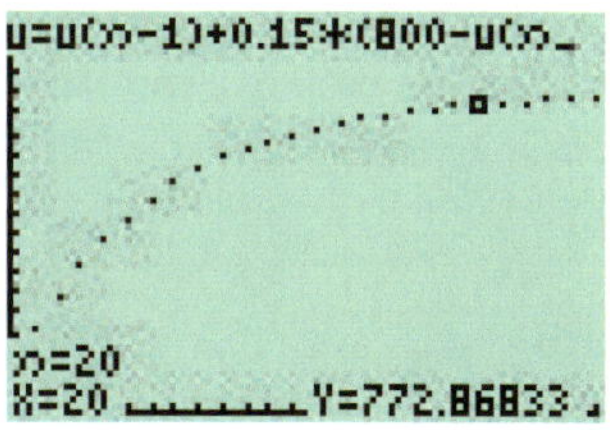

Es ist $B(20) \approx 773$.

VII Wahrscheinlichkeitsrechnung

1 Ereignis – Laplace-Experiment

Ein Experiment, dessen **Ergebnisse** man nicht sicher vorhersagen kann, nennt man **Zufallsexperiment**. Jedes Ergebnis eines Zufallsexperimentes tritt mit einer bestimmten **Wahrscheinlichkeit** ein. Addiert man die Wahrscheinlichkeiten aller Ergebnisse, so erhält man stets den Wert 1 (oder 100 %).

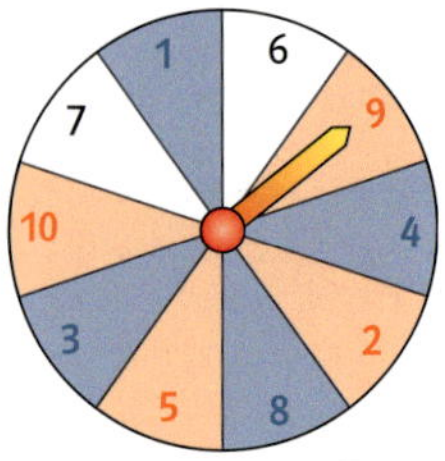

Fig. 1

Das Glücksrad in Fig. 1 ist in 10 gleich große Sektoren eingeteilt. Man nimmt daher an, dass der Pfeil nach dem Drehen des Glücksrades auf jeden Sektor mit der gleichen Wahrscheinlichkeit $\frac{1}{10}$ zeigt. Alle Ergebnisse dieses Zufallsexperimentes sind also gleich wahrscheinlich. Man spricht in einem solchen Fall von einem **Laplace-Experiment**.

Die Zahlen 2, 5, 9 und 10 stehen auf einem roten Feld. Diese vier Ergebnisse lassen sich zu dem **Ereignis E**: „Der Pfeil zeigt auf ein rotes Feld" zusammenfassen. Die Wahrscheinlichkeit dafür, dass dieses Ereignis eintritt, beträgt $\frac{4}{10}$, denn 4 von 10 Feldern sind rot gefärbt. Dafür schreibt man kurz $P(E) = \frac{4}{10} = 0{,}4 = 40\,\%$.
Um bei Laplace-Experimenten die Wahrscheinlichkeit eines Ereignisses E zu berechnen, muss man also nur wissen, wie viele Ergebnisse der Zufallsversuch insgesamt hat und wie viele dieser Ergebnisse das Ereignis enthält.

Ein Zufallsexperiment, bei dem man annehmen kann, dass alle Ergebnisse gleich wahrscheinlich sind, heißt **Laplace-Experiment**.
Bei einem Laplace-Experiment erhält man die **Wahrscheinlichkeit P(E)** für das Eintreten eines **Ereignisses E**, indem man die Anzahl der zu E gehörenden Ergebnisse (die „günstigen" Ergebnisse) durch die Gesamtanzahl aller möglichen Ergebnisse dividiert:

$$P(E) = \frac{\text{Anzahl der günstigen Ergebnisse}}{\text{Anzahl aller Ergebnisse}}.$$

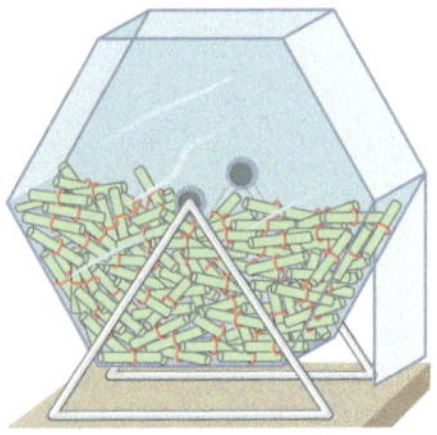

Beispiel
In einer Lostrommel befinden sich Lose mit den Nummern 1000 bis 9999. Losnummern mit drei Nullen bedeuten „Hauptgewinn". Endet die Losnummer auf 3 oder 7, so gibt es einen Trostpreis. Bestimme die Wahrscheinlichkeit für das Eintreten der Ereignisse.
A: Man zieht einen Hauptgewinn.
B: Man zieht einen Trostpreis.
Lösung:
Man nimmt an, dass alle Lose mit der gleichen Wahrscheinlichkeit gezogen werden.
Die Anzahl der möglichen Ergebnisse beträgt 9000, denn es gibt $9999 - 999 = 9000$ Lose.
Die Anzahl der Hauptgewinne beträgt 9, nämlich die Lose 1000, 2000, 3000, …, 9000.
Die Anzahl der Trostpreise beträgt 1800. Dies sieht man so: Insgesamt enden 900 Lose auf 3, nämlich die Lose mit den Nummern 1003, 1013, 1023, …, 9993, also jedes zehnte Los. Ebenso enden 900 Lose auf 7.

$P(A) = \frac{9}{9000} = \frac{1}{1000} = 0{,}001 = 0{,}1\,\%$,

$P(B) = \frac{1800}{9000} = \frac{1}{5} = 0{,}2 = 20\,\%$,

2 Gegenereignis – Vereinigung – Schnitt

Wenn sehr viele Ergebnisse zu einem Ereignis gehören, ist es manchmal einfacher, die Wahrscheinlichkeit des Gegenereignisses zu berechnen. Das **Gegenereignis $\overline{E}$** enthält alle Ergebnisse, die nicht zu E gehören; deshalb gilt: $P(\overline{E}) = 1 - P(E)$.
Ereignis und Gegenereignis ergeben vereinigt die Menge aller Ergebnisse, die **Ergebnismenge S**. So wie E und $\overline{E}$ lassen sich auch beliebige Ereignisse E und F verknüpfen.

Zu jedem Ereignis E gibt es ein Gegenereignis $\overline{E}$, das alle Ergebnisse enthält, die nicht zu E gehören. Man kann P(E) aus $P(\overline{E})$ berechnen, denn es gilt: $P(E) = 1 - P(\overline{E})$.

Alle Ergebnisse, die zugleich in E und in F liegen, bilden die Schnittmenge $E \cap F$.
Alle Ergebnisse, die in E oder in F liegen, bilden die Vereinigungsmenge $E \cup F$.

Bei der Vereinigungsmenge bedeutet „oder" nicht „entweder-oder", sondern ein „nicht ausschließendes Oder".

Trägt man die Anzahlen der Ergebnisse von zwei Ereignissen E und F und ihren Gegenereignissen übersichtlich in eine Tabelle ein, lassen sich die zugehörigen Wahrscheinlichkeiten einfach berechnen. Eine solche Übersicht nennt man **Vierfeldertafel**.

	Ereignis E	Ereignis $\overline{E}$	Gesamt
Ereignis F	$E \cap F$	$\overline{E} \cap F$	F
Ereignis $\overline{F}$	$E \cap \overline{F}$	$\overline{E} \cap \overline{F}$	$\overline{F}$
Gesamt	E	$\overline{E}$	S

In den weißen Feldern werden jeweils die Anzahlen des zugehörigen Ereignisses eingetragen.

Beispiel 1
Das Glücksrad in Fig. 1 wird einmal gedreht und die angezeigte Zahl notiert. Wie groß ist die Wahrscheinlichkeit, dass
a) die angezeigte Zahl durch 6 teilbar ist und auf einem blauen Feld liegt,
b) die angezeigte Zahl durch 6 teilbar ist oder auf einem blauen Feld liegt?
c) Beschreibe das Gegenereignis von Aufgabe b) und gib seine Wahrscheinlichkeit an.
Lösung:
E: „Zahl ist durch 6 teilbar", E = {0, 6, 12}; F: „Feld ist blau", F = {0, 3, 5, 8, 12, 15}.
a) $E \cap F = \{0, 12\}$, also $P(E \cap F) = \frac{2}{16}$.
b) $E \cup F = \{0, 3, 5, 6, 8, 12, 15\}$, also $P(E \cup F) = \frac{7}{16}$.
c) $\overline{E \cup F} = \{1, 2, 4, 7, 9, 10, 11, 13, 14\}$. $\overline{E \cup F}$: „Die Zahl auf dem Feld ist nicht durch 6 teilbar und das Feld ist nicht blau", also $P(\overline{E \cup F}) = \frac{9}{16}$.

Beispiel 2
In einem Behälter liegen rote und blaue nummerierte Kugeln (Fig. 2). Es wird blind eine Kugel gezogen. Folgende Ereignisse werden festgelegt: E: „Die Kugel trägt höchstens die Zahl 4"; F: „Die Kugel ist blau". Stelle eine Vierfeldertafel auf.
Lösung:

	E	$\overline{E}$	Gesamt
F	3	1	4
$\overline{F}$	2	4	6
Gesamt	5	5	10

Fig. 2

3 Unabhängigkeit

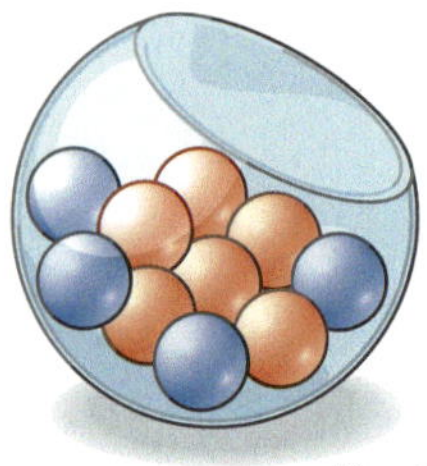
Fig. 1

Beim Ziehen mit Zurücklegen beeinflussen sich die Ereignisse E und F nicht.

Eine Urne enthält sechs rote und vier blaue Kugeln; es werden zufällig zwei davon gezogen. Die Ereignisse E „Im ersten Zug Rot" und F „Im zweiten Zug Rot" werden untersucht. Es ist also $E = \{rr, rb\}$ und $F = \{rr, br\}$. $E \cap F = \{rr\}$ ist das Ereignis „In beiden Zügen Rot".

Ziehen mit Zurücklegen:

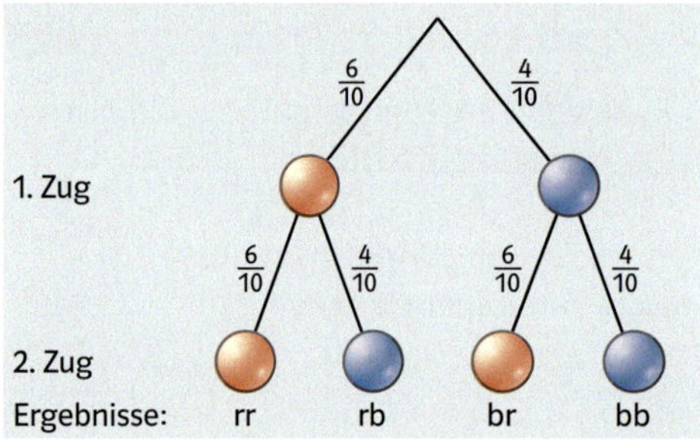

Fig. 2

Ziehen ohne Zurücklegen:

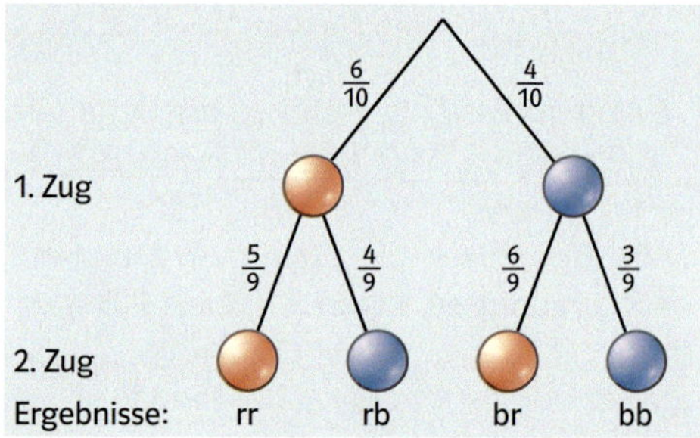

Fig. 3

Nach der Pfadregel und der Summenregel ergibt sich:

Ziehen mit Zurücklegen	Ziehen ohne Zurücklegen
$P(E) = \frac{6}{10} \cdot \frac{6}{10} + \frac{6}{10} \cdot \frac{4}{10} = \frac{6}{10}$,	$P(E) = \frac{6}{10} \cdot \frac{5}{9} + \frac{6}{10} \cdot \frac{4}{9} = \frac{6}{10}$,
$P(F) = \frac{6}{10} \cdot \frac{6}{10} + \frac{4}{10} \cdot \frac{6}{10} = \frac{6}{10}$,	$P(F) = \frac{6}{10} \cdot \frac{5}{9} + \frac{4}{10} \cdot \frac{6}{9} = \frac{6}{10}$,
$P(E \cap F) = \frac{6}{10} \cdot \frac{6}{10} = \frac{36}{100}$,	$P(E \cap F) = \frac{6}{10} \cdot \frac{5}{9} = \frac{30}{90}$,
also $P(E \cap F) = P(E) \cdot P(F)$.	also $P(E \cap F) \neq P(E) \cdot P(F)$.

Die Eigenschaft beim Ziehen mit Zurücklegen lässt sich allgemein anwenden:

Statt „nicht beeinflussen" sagt man auch „voneinander unabhängig sein".

Wenn zwei Ereignisse **unabhängig** sind, kann man die Wahrscheinlichkeit für das Ereignis $E \cap F$ als Produkt der Wahrscheinlichkeiten von E und F berechnen:
$P(E \cap F) = P(E) \cdot P(F)$.

Beispiel Unabhängigkeit nachweisen
Zwei Würfel werden geworfen. Untersuche die Ereignisse E und F auf Unabhängigkeit.
Dabei ist E: „Der erste Würfel zeigt eine 6" und
a) F: „Die Augensumme beträgt 7". b) F: „Die Augensumme beträgt 8".
Lösung:
$E = \{6–1, 6–2, 6–3, 6–4, 6–5, 6–6\}$, $P(E) = \frac{6}{36} = \frac{1}{6}$;
a) $F = \{1–6, 2–5, 3–4, 4–3, 5–2, 6–1\}$, $P(F) = \frac{6}{36} = \frac{1}{6}$; $E \cap F = \{6–1\}$,
$P(E \cap F) = \frac{1}{36} = \frac{1}{6} \cdot \frac{1}{6} = P(E) \cdot P(F)$, also sind E und F unabhängig.
b) $F = \{2–6, 3–5, 4–4, 5–3, 6–2\}$, $P(F) = \frac{5}{36}$; $E \cap F = \{6–2\}$,
$P(E \cap F) = \frac{1}{36} \neq \frac{1}{6} \cdot \frac{5}{36} = P(E) \cdot P(F)$, also sind E und F nicht unabhängig.
Die unterschiedlichen Ergebnisse lassen sich erklären: Bei Teilaufgabe a) gibt es für jede Zahl des ersten Würfels genau eine Zahl beim zweiten Würfel, sodass die Augensumme 7 ist. Der erste Wurf ist also nicht entscheidend dafür, ob die Augensumme 7 ist. Bei Teilaufgabe b) kann die Augensumme 8 nicht mehr erreicht werden, wenn als Erstes die 1 fällt.

4 Zufallsvariable und Erwartungswert

Bei einem Glücksspiel wird 1 € Einsatz gezahlt. Dann wird das Glücksrad in Fig. 1 dreimal gedreht. Wenn einmal Blau erscheint, werden 1 €, bei zweimal Blau 3 € und bei dreimal Blau 6 € ausbezahlt. Gewinnt man bei dem Spiel auf lange Sicht?

Entscheidend dafür ist der Gewinn X in Euro. Die **Zufallsvariable** X kann die Werte −1, 0, 2 oder 5 annehmen. Mit einem Baumdiagramm (Fig. 2) kann man für diese Werte die Wahrscheinlichkeiten bestimmen und in einer Tabelle darstellen. Die Tabelle nennt man **Wahrscheinlichkeitsverteilung der Zufallsvariablen X**.

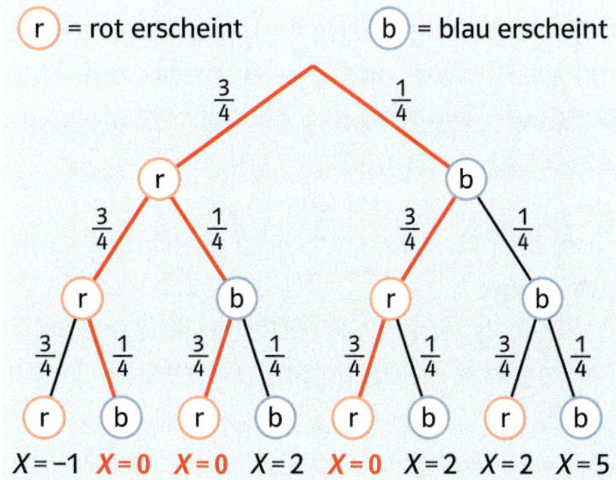

Fig. 2

g	−1	0	2	5
P(X = g)	$\frac{27}{64}$	$\frac{27}{64}$	$\frac{9}{64}$	$\frac{1}{64}$

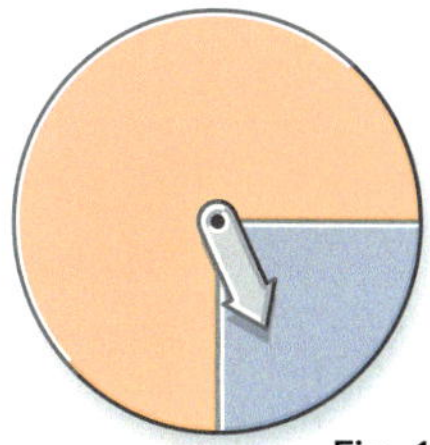
Fig. 1

Gewinn = Auszahlung − Einsatz

Eine Zuordnung X, bei der jedem Ergebnis eines Zufallsversuches ein Zahlenwert zugeordnet ist, nennt man Zufallsvariable oder Zufallsgröße.

Die Wahrscheinlichkeit, dass X den Wert 0 annimmt, ist z. B.
$P(X = 0) = \frac{3}{4}\cdot\frac{3}{4}\cdot\frac{1}{4} + \frac{3}{4}\cdot\frac{1}{4}\cdot\frac{3}{4} + \frac{1}{4}\cdot\frac{3}{4}\cdot\frac{3}{4} = \frac{27}{64}$.

Die Pfade, die zu X = 0 gehören, sind in Fig. 2 rot gezeichnet.

Auf lange Sicht erwartet man aufgrund der Tabelle durchschnittlich den Gewinn −1 € bei $\frac{27}{64}$ der Spiele, den Gewinn 0 € bei $\frac{27}{64}$ der Spiele, den Gewinn 2 € bei $\frac{9}{64}$ der Spiele und den Gewinn 5 € bei $\frac{1}{64}$ der Spiele. Somit beträgt der zu erwartende durchschnittliche Gewinn
$(-1)€\cdot\frac{27}{64} + 0€\cdot\frac{27}{64} + 2€\cdot\frac{9}{64} + 5€\cdot\frac{1}{64} = -\frac{1}{16}€ \approx -6\,ct.$
Man nennt diesen Wert daher **Erwartungswert von X**, kurz E(X). Bei dem Spiel wird man also auf lange Sicht pro Spiel etwa 6 ct verlieren.

Ein Spiel mit Erwartungswert 0 für den Gewinn nennt man auch faires Spiel.

Der Erwartungswert E(X) einer Zufallsvariablen X gibt an, welcher Wert durchschnittlich bei einer großen Zahl von Durchführungen des Zufallsversuchs für die Zufallsvariable zu erwarten ist. Der Erwartungswert wird folgendermaßen berechnet:
- Man bestimmt die Wahrscheinlichkeitsverteilung der Zufallsvariablen.
- Man multipliziert jeden Wert der Zufallsvariablen mit seiner Wahrscheinlichkeit und addiert die Produkte.

Bezeichnet man die Werte der Zufallsvariablen mit $x_1, x_2, \dots, x_n$, so kann man E(X) mit der Formel $E(X) = x_1\cdot P(X = x_1) + x_2\cdot P(X = x_2) + \dots + x_n\cdot P(X = x_n)$ berechnen.

Beispiel Faires Spiel
Man setzt einen Euro. Dann werden aus einer Urne mit zwei roten und drei blauen Kugeln zwei Kugeln ohne Zurücklegen gezogen (Fig. 3). Man erhält eine Auszahlung von a €, wenn zwei gleiche Kugeln gezogen werden. Wie groß ist a, wenn das Spiel fair ist?
Lösung:
Die Tabelle zeigt die Wahrscheinlichkeitsverteilung für die Zufallsvariable X: „Gewinn in €".
Es muss $E(X) = 0$ gelten, also $-1\cdot 0{,}6 + (a - 1)\cdot 0{,}4 = 0$.
Lösung der Gleichung: $a = 2{,}5$. Für ein faires Spiel muss die Auszahlung 2,50 € betragen.

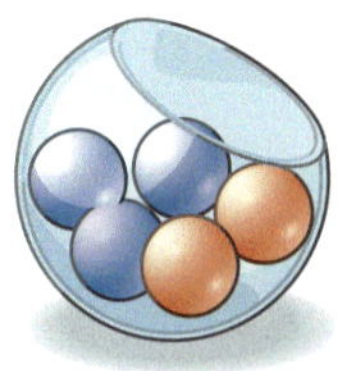
Fig. 3

g	−1	a − 1
P(X = g)	0,6	0,4

5 Bernoulli-Kette – Binomialverteilung

Einen Zufallsversuch mit nur zwei Ergebnissen „Treffer“ und „Niete“ nennt man **Bernoulli-Experiment**. Wiederholt man ein Bernoulli-Experiment n-mal, sodass die Durchführungen voneinander unabhängig sind, spricht man von einer **Bernoulli-Kette der Länge n.**
Die Zufallsvariable X zählt die Anzahl der Treffer, ihre Werte liegen zwischen 0 und n.

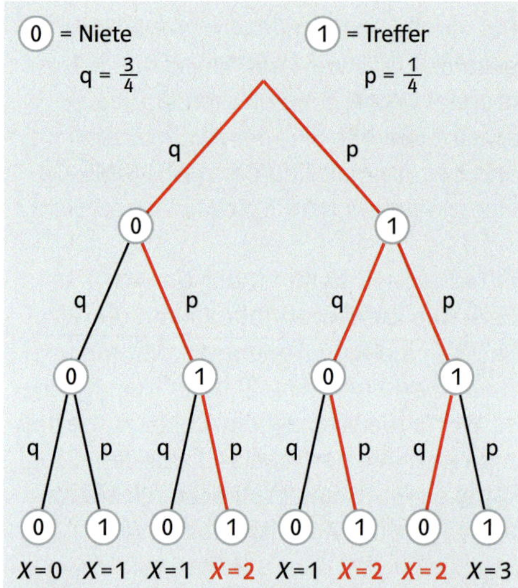

r	0	1	2	3
P(X = r)	$\frac{27}{64}$	$\frac{27}{64}$	$\frac{9}{64}$	$\frac{1}{64}$
Zahl der Pfade	$\binom{3}{0} = 1$	$\binom{3}{1} = 3$	$\binom{3}{2} = 3$	$\binom{3}{3} = 1$

Allgemein gilt für eine Bernoulli-Kette der Länge n: Jeder Pfad mit r Treffern hat die Wahrscheinlichkeit $p^r \cdot q^{n-r}$. Die Anzahl der Pfade mit r Treffern ist $\binom{n}{r}$.

Das Baumdiagramm zeigt eine Bernoulli-Kette der Länge 3 mit den Wahrscheinlichkeiten für Treffer $p = \frac{1}{4}$ und für Niete $q = 1 - p = \frac{3}{4}$. Zu dem Ereignis „X = 2“ gehören drei Ergebnisse, deren Wahrscheinlichkeit jeweils $p^2 \cdot q$ beträgt.
Die Anzahl der Pfade mit zwei Treffern bei drei Durchführungen bezeichnet man mit $\binom{3}{2}$, lies „drei über zwei“. Damit gilt:
$P(X = 2) = \binom{3}{2} \cdot \left(\frac{1}{4}\right)^2 \cdot \left(\frac{3}{4}\right) = \frac{9}{64}$.

„Zahl der Pfade $\binom{n}{r}$ mal Wahrscheinlichkeit $p^r \cdot q^{n-1}$ eines Pfades ($q = 1 - p$)“.

Für eine Bernoulli-Kette der Länge n mit der Wahrscheinlichkeit p für Treffer lässt sich die Wahrscheinlichkeit für r Treffer mithilfe der **Bernoulli-Formel** berechnen:
$P(X = r) = \binom{n}{r} \cdot p^r \cdot (1 - p)^{n-r}$; r = 0, 1, …, n.
Die Wahrscheinlichkeitsverteilung von X heißt **Binomialverteilung**.
X heißt binomialverteilt mit den Parametern n und p.

Die Wahrscheinlichkeiten lassen sich mithilfe des GTR berechnen: Wahrscheinlichkeit für genau r Treffer: binompdf(n,p,r). Wahrscheinlichkeit für höchstens r Treffer: binomcdf(n,p,r).

Beispiel Anwenden der Bernoulli-Formel
Ein Würfel wird fünfmal geworfen. Mit welcher Wahrscheinlichkeit
a) fallen genau dreimal fünf oder sechs Augen,
b) fallen mindestens dreimal fünf oder sechs Augen,
c) fallen höchstens zweimal fünf oder sechs Augen?
Lösung:
Es liegt eine Bernoulli-Kette der Länge 5 mit Trefferwahrscheinlichkeit $p = \frac{1}{3}$ vor.
X: Anzahl der Würfe mit fünf oder sechs Augen.

a) $P(X = 3) = \binom{5}{3} \cdot \left(\frac{1}{3}\right)^3 \cdot \left(\frac{2}{3}\right)^2 = \frac{40}{243} \approx 0{,}1646$ Die Wahrscheinlichkeit beträgt etwa 16 %.

$P(X \geqq 3) = P(X = 3) + P(X = 4) + P(X = 5)$

b) $P(X \geqq 3) = \binom{5}{3} \cdot \left(\frac{1}{3}\right)^3 \cdot \left(\frac{2}{3}\right)^2 + \binom{5}{4} \cdot \left(\frac{1}{3}\right)^4 \cdot \left(\frac{2}{3}\right)^1 + \binom{5}{5} \cdot \left(\frac{1}{3}\right)^5 \cdot \left(\frac{2}{3}\right)^0 = \frac{17}{81} \approx 0{,}2099$
Die Wahrscheinlichkeit beträgt etwa 21 %.

Die Berechnung auf die zweite Art in Teilaufgabe c) verwendet das Gegenereignis „$X \geqq 3$“ zu „$X \leqq 2$“.

c) $P(X \leqq 2) = \binom{5}{0} \cdot \left(\frac{1}{3}\right)^0 \cdot \left(\frac{2}{3}\right)^5 + \binom{5}{1} \cdot \left(\frac{1}{3}\right)^1 \cdot \left(\frac{2}{3}\right)^4 + \binom{5}{2} \cdot \left(\frac{1}{3}\right)^2 \cdot \left(\frac{2}{3}\right)^3 = \frac{64}{81} \approx 0{,}7901$ oder
$P(X \leqq 2) = 1 - P(X \geqq 3) = 1 - \frac{17}{81} = \frac{64}{81} \approx 0{,}7901$ *(mit dem Ergebnis von Teilaufgabe b)*
Die Wahrscheinlichkeit beträgt etwa 79 %.

6 Graph und Erwartungswert der Binomialverteilung

Fig. 1 zeigt verschiedene Binomialverteilungen, bei denen p jeweils gleich bleibt ($p = 0{,}6$) und n verändert wird.
Fig. 2 zeigt verschiedene Binomialverteilungen, bei denen n fest gewählt wird ($n = 50$) und p verändert wird.

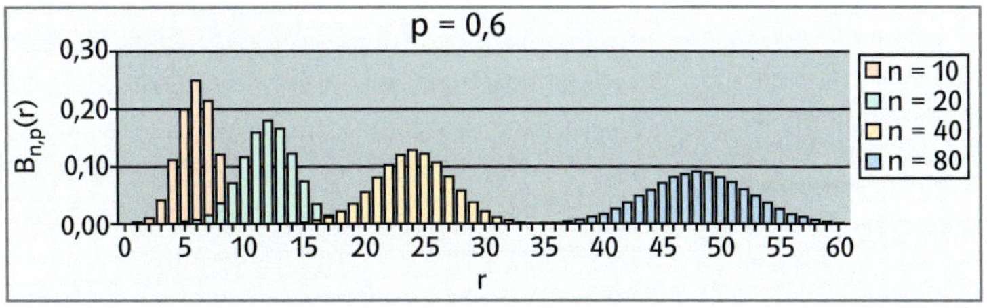

Fig. 1

Die Graphen haben typische Eigenschaften:
- Alle Graphen von Binomialverteilungen haben Glockenform.
- Bei festem p werden die Graphen mit wachsendem n immer flacher und breiter.
- Bei festem n werden die Graphen für $p \to 1$ und $p \to 0$ immer höher und schmaler. Für $p = \frac{1}{2}$ sind sie symmetrisch, für $p \to 1$ und $p \to 0$ ergibt sich eine leicht anwachsende Asymmetrie.
- Das Maximum der Graphen befindet sich bei der Stelle $\mu = n \cdot p$.

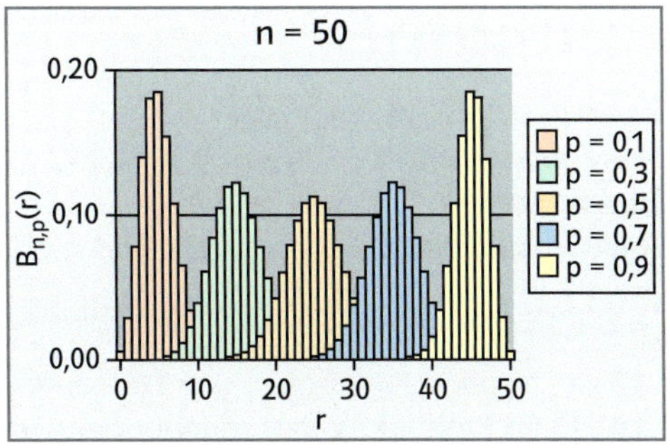

Fig. 2

Bei einer Bernoulli-Kette der Länge 100 mit einer Trefferwahrscheinlichkeit von 70 % wird man 70 Treffer erwarten, denn 70 % von 100 ist $0{,}7 \cdot 100 = 70$. Die Binomialverteilung hat daher bei $r = 70$ ihr Maximum, das dem Erwartungswert entspricht.

Der Erwartungswert einer binomialverteilten Zufallsvariablen X mit den Parametern n und p beträgt $E(X) = \mu = n \cdot p$.

Nicht immer ist der Wert $\mu = n \cdot p$ ganzzahlig. Dann muss man die Wahrscheinlichkeiten der benachbarten Werte betrachten.

Beispiel Tabelle und Graph mit dem GTR
a) Erstelle mit dem GTR eine Tabelle und ein Diagramm für eine binomialverteilte Zufallsvariable mit den Parametern $n = 20$ und $p = 0{,}4$.
b) Berechne den Erwartungswert.
Lösung:
a) *Man gibt den Funktionsterm $B_{20;0.4}(x)$ ein und erhält die Wertetabelle. Wenn man auch den Graphen anzeigen lassen will, muss man die „x-Werte" auf ganze Zahlen runden, weil bei einer binomialverteilten Zufallsvariable nur ganzzahlige Werte auftreten.*

Eingabe der Formeln

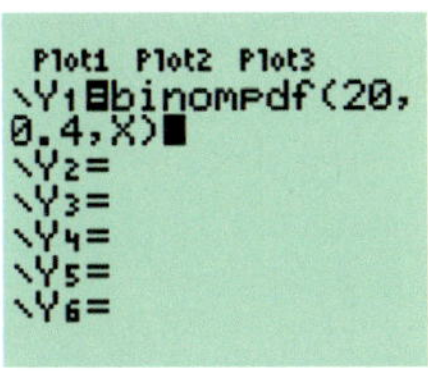

Tabelle

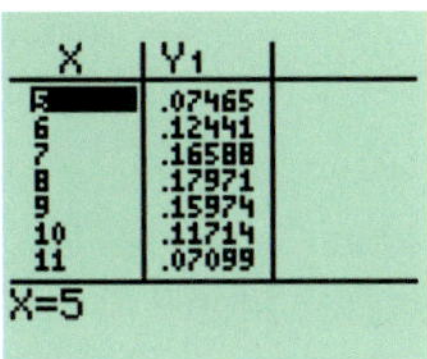

x-Werte runden

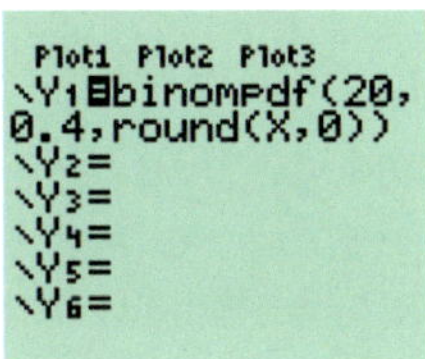

Graph

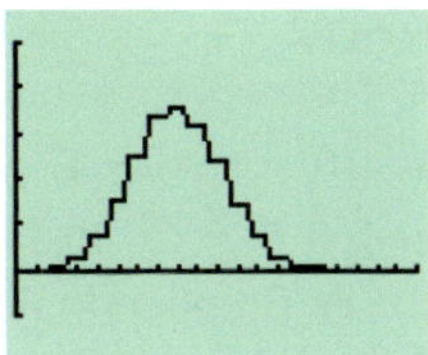

b) $\mu = n \cdot p = 20 \cdot 0{,}4 = 8$

1 Funktionen, Funktionsterm und Funktionsgleichung

*Zuordnungen, bei denen jedem Wert für x ein einziger Wert für y zugeordnet wird, bezeichnet man auch als **eindeutige Zuordnung**.*

Zuordnungen und Funktionen bezeichnet man häufig mit Kleinbuchstaben wie f, g oder h.

Eindeutige Zuordnungen nennt man **Funktionen**.
Bezeichnet man die Funktion *Höhe x → Temperatur y* mit t, so schreibt man kurz t: x → y.
Wenn zum Beispiel dem x-Wert 30 der Funktionswert −40 zugeordnet wird, schreibt man auch: $t(30) = -40$ (lies: t von 30 gleich −40).

Eine Zuordnung f: x → y, die jedem Wert für x genau einen Wert für y zuordnet, nennt man **Funktion**. Der jeweils zugeordnete Wert f(x) heißt **Funktionswert an der Stelle x**.

Bezeichnungen und Schreibweisen:

Funktionsvorschrift	$k: x \to 6{,}5 - 0{,}4x$
Funktionsterm	$6{,}5 - 0{,}4x$
Funktionsgleichung	$k(x) = 6{,}5 - 0{,}4x$ oder $y = 6{,}5 - 0{,}4x$

Lässt sich eine Funktion f: x → f(x) durch einen Term beschreiben, so kann man zu jedem Wert von x den zugehörigen **Funktionswert** f(x) mithilfe der **Funktionsgleichung** berechnen. Die zugehörigen Punkte P(x | f(x)) bilden den **Funktionsgraphen**.

Will man etwa wissen, ob der Graph der Funktion k mit $k(x) = 6{,}5 - 0{,}4 \cdot x$ durch die Punkte P(12 | 1,7) und T(14 | 0) verläuft, so muss man prüfen, ob die Koordinaten der Punkte P und T die Funktionsgleichung $k(x) = 6{,}5 - 0{,}4 \cdot x$ erfüllen. Dieses Vorgehen nennt man **Punktprobe**. Man rechnet:
Punkt P: $k(12) = 6{,}5 - 0{,}4 \cdot 12 = 1{,}7$. Also liegt P auf dem Graphen von k.
Punkt T: $k(14) = 6{,}5 - 0{,}4 \cdot 14 = 0{,}9 \neq 0$. Also liegt T nicht auf dem Graphen von k.

Beispiel
Gegeben sind die Funktionen $f: x \to -\frac{1}{2}x - 1$ und $g: x \to x^2 - 2$.
a) Gib für f und für g jeweils die Funktionsgleichung an.
b) Berechne f(0) und g(−1).
c) Liegt der Punkt A(10,5 | −6) auf dem Graphen von f?
d) Zeichne die Graphen der Funktionen f und g in dasselbe Koordinatensystem.
Lösung:
a) $f(x) = -\frac{1}{2}x - 1$ und $g(x) = x^2 - 2$
b) $f(0) = -\frac{1}{2} \cdot 0 - 1 = -1$ und $g(-1) = (-1)^2 - 2 = -1$
c) $f(10{,}5) = -\frac{1}{2} \cdot 10{,}5 - 1 = -6{,}25 \neq -6$. Also ist A kein Punkt des Graphen von f.
d) Die Graphen in Fig. 1 erhält man aus den Wertetabellen.

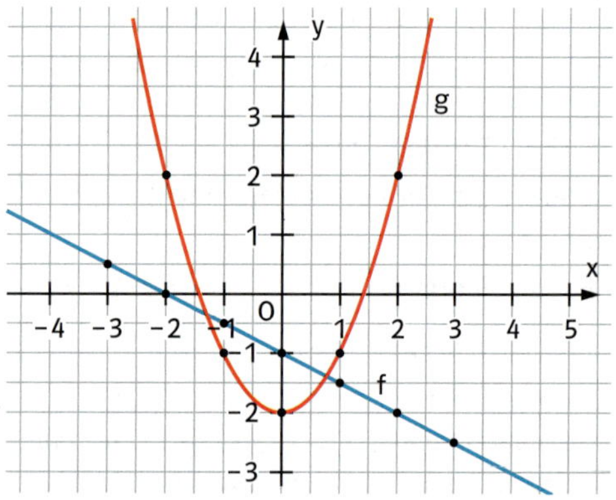

Fig. 1

x	−3	−2	−1	0	1	2	3
f(x)	0,5	0	−0,5	−1	−1,5	−2	−2,5

x	−3	−2	−1	0	1	2	3
g(x)	7	2	−1	−2	−1	2	7

2 Rein quadratische Funktionen

Man nennt Funktionen mit Funktionsgleichungen der Form $y = a\,x^2$ **rein quadratische Funktionen**. Der zugehörige Graph heißt **Parabel**.

Weitere quadratische Funktionen werden auf Seite 42 vorgestellt.

Für die rein quadratische Funktion mit der Funktionsgleichung $y = 0{,}5\,x^2$ erhält man:

	·5	·4	·3	·2				·2	·3	·4	·5
x	−5	−4	−3	−2	−1	0	1	2	3	4	5
$y = 0{,}5\,x^2$	12,5	8	4,5	2	0,5	0	0,5	2	4,5	8	12,5
	·25	·16	·9	·4				·4	·9	·16	·25

Eigenschaften der rein quadratischen Funktionen

1. Dem 2-, 3- bzw. n-Fachen der ersten Größe wird jeweils das 4-, 9- bzw. n^2-Fache der zweiten Größe zugeordnet.
2. Ist der Faktor vor x^2, der **Streckfaktor**, positiv, so ist die zugehörige Parabel nach oben geöffnet. Ist der Streckfaktor negativ, so ist die zugehörige Parabel nach unten geöffnet.
Je größer der Betrag von a, desto schmaler ist die Parabel.
3. Jede rein quadratische Funktion hat an der Stelle $x = 0$ den Wert $y = 0$.
Die zugehörige Parabel geht durch den Punkt $S(0\,|\,0)$, den **Scheitelpunkt** oder **Scheitel** der Parabel. Er ist der höchste oder tiefste Punkt.

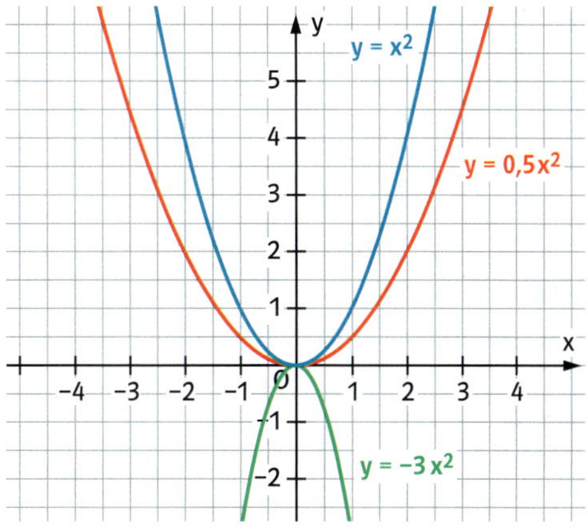

Lautet die Funktionsgleichung $y = x^2$, so heißt die Parabel ***Normalparabel.*** *Für die Zeichnung einer Normalparabel gibt es im Handel spezielle Schablonen.*

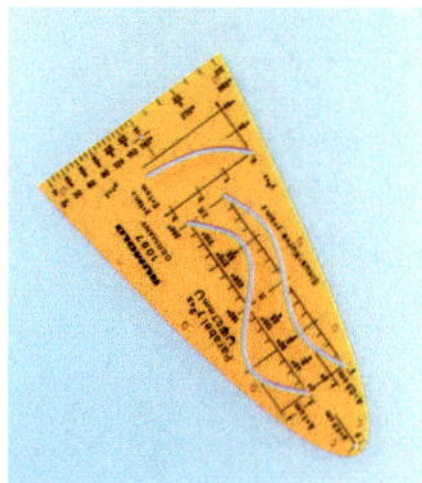

Beispiel 1 Punktprobe

Liegen die Punkte $P(5\,|\,10)$ und $Q\left(-2\,\middle|\,-\frac{8}{5}\right)$ auf der Parabel der Funktion mit $y = \frac{2}{5}x^2$?

Lösung:

Für $x = 5$ ergibt sich $y = \frac{2}{5}\cdot 5^2 = \frac{2}{5}\cdot 25 = 10$. Daher liegt $P(5\,|\,10)$ auf der Parabel.

Für $x = -2$ ergibt sich $y = \frac{2}{5}\cdot(-2)^2 = \frac{2}{5}\cdot 4 = \frac{8}{5}$. Daher liegt $Q\left(-2\,\middle|\,-\frac{8}{5}\right)$ nicht auf der Parabel.

Dass Q nicht auf der Parabel liegen kann, lässt sich ohne Rechnung zeigen: Die zugehörige Parabel ist wegen des positiven Vorfaktors nach oben geöffnet und kann daher keine negativen Funktionswerte annehmen.

Beispiel 2 Bestimmung einer Funktionsgleichung

Eine Parabel hat ihren Scheitelpunkt im Ursprung und geht durch den Punkt $A(1\,|\,2)$. Bestimme die Funktionsgleichung.

Lösung:

Der Funktionswert für $x = 1$ ist bei einer Normalparabel 1. Daher muss der Vorfaktor in der Funktionsgleichung 2 sein. Man erhält $y = 2\,x^2$.

3 Allgemeine quadratische Funktionen

Die zu rein quadratischen Funktionen gehörenden Graphen sind Parabeln, deren Scheitel im Ursprung liegt. Es gibt auch Parabeln, deren Scheitel nicht im Ursprung liegen. Man kann sie sich als „verschobene" Parabel vorstellen. Ob und wie eine Parabel verschoben ist, kann man bei diesen Funktionen bereits aus der Funktionsgleichung ablesen.

Bei einer Verschiebung einer Parabel in y-Richtung bleibt die x-Koordinate des Scheitels gleich.

Verschiebt man eine Parabel mit der Funktionsgleichung $y = ax^2$ um u Einheiten parallel zur x-Achse und um v Einheiten parallel zur y-Achse, so lautet die Gleichung der verschobenen Parabel $y = a(x - u)^2 + v$. Der Scheitel liegt bei $S(u \mid v)$. Solche Funktionen heißen **allgemeine quadratische Funktionen** oder **quadratische Funktionen**.

Bei einer Verschiebung einer Parabel in x-Richtung bleibt die y-Koordinate des Scheitels gleich.

Verschobene Parabeln können keinen, einen oder zwei Schnittpunkte mit der x-Achse haben. Die x-Werte dieser Schnittpunkte werden auch **Nullstellen** genannt.

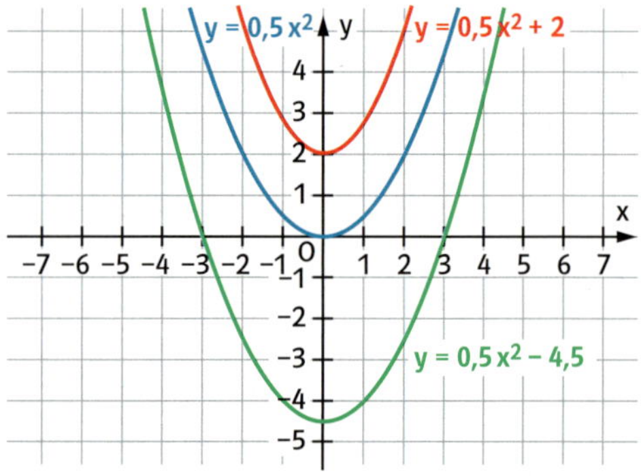

Die Funktion mit $y = 0{,}5x^2$ hat eine Nullstelle bei $x = 0$. Die Funktion mit $y = 0{,}5x^2 - 4{,}5$ ist um 4,5 nach unten verschoben und hat die beiden Nullstellen $x = -3$ und $x = 3$.

Bei einer Parabel ist der Mittelwert zweier Nullstellen der Wert von x des Scheitels.

Beispiel Parabel zeichnen

Zeichne die Parabel mit der Gleichung

a) $y = (x - 2)^2 - 4$,

b) $y = -2(x + 1)^2 + 3$.

Lösung:

a) Siehe Fig. 1.

Die Parabel ist gegenüber der Normalparabel um zwei Einheiten nach rechts und um vier Einheiten nach unten verschoben.

b) Siehe Fig. 2.

Die Parabel ist gegenüber der Parabel mit der Gleichung $y = -2x^2$ um eine Einheit nach links und um drei Einheiten nach oben verschoben.

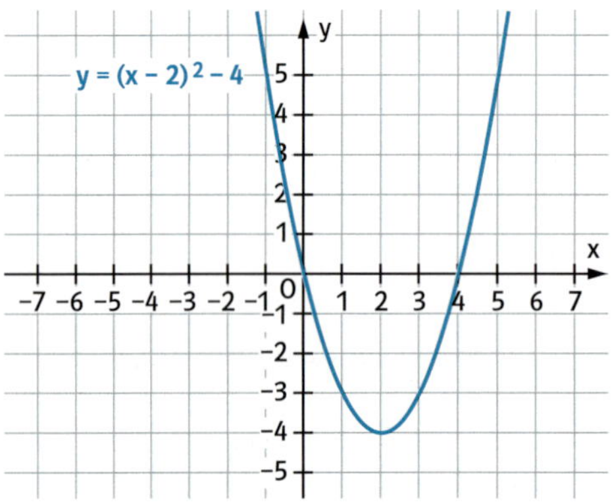

Fig. 1

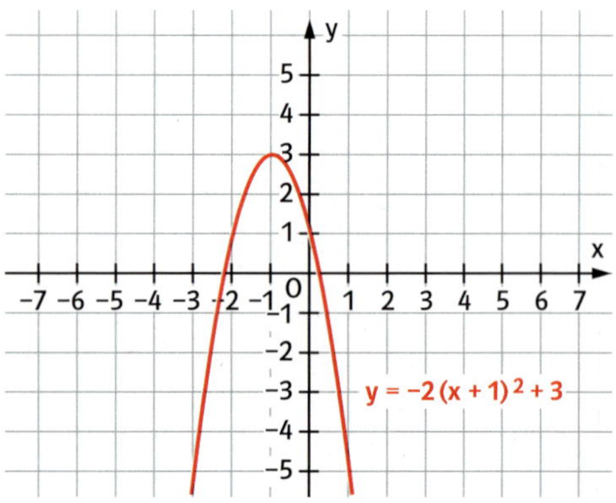

Fig. 2

4 Scheitelform – Normalform – quadratische Ergänzung

Quadratische Funktionen kann man mit Funktionsgleichungen der Form

$y = 2(x - 3)^2 + 5$

beschreiben. Da sich in dieser Form der Scheitel sehr leicht ablesen lässt, wird diese Form auch **Scheitelform** genannt.

In der Praxis kommen häufig Funktionen mit Funktionsgleichungen in der Form

$y = 2x^2 + 3x + 4$

vor. Diese Form heißt auch **Normalform** oder allgemeine Form. Gibt man solche Funktionsgleichungen in den GTR ein, so erhält man wie bei den quadratischen Funktionen einen parabelförmigen Graphen.

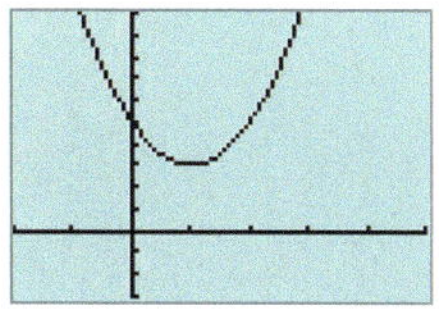

Fig. 1

Ist die Funktionsgleichung einer quadratischen Funktion in der Normalform $y = 2x^2 - 4x + 5$ angegeben, so lässt sich der Scheitelpunkt mit dem GTR bestimmen. Man gibt dazu die Funktionsgleichung ein und liest dann den Scheitelpunkt der dazugehörigen Parabel am Graphen als tiefsten Punkt ab. In Fig. 1 ist dies $S(1|3)$.

Um den Scheitelpunkt der Parabel $x \to y$ mit der Gleichung $y = 2x^2 + 8x + 12$ ohne GTR zu bestimmen, kann man Umformungen mit einer **quadratischen Ergänzung** durchführen.

$y = 2x^2 + 8x + 12$	
$y = 2(x^2 + 4x + 6)$	Der Faktor vor x^2 wird ausgeklammert.
$y = 2(x^2 + 4x + 2^2 - 2^2 + 6)$	Ergänzen einer Zahl, sodass in der Klammer die ersten drei Summanden eine binomische Formel bilden
$y = 2\left((x + 2)^2 - 2^2 + 6\right)$	Zusammenfassen zur binomischen Formel
$y = 2\left((x + 2)^2 + 2\right)$	Zusammenfassen der beiden letzten Zahlen in der Klammer
$y = 2(x + 2)^2 + 4$	Ausmultiplizieren der Klammer

Aus der letzten Gleichung kann man die Koordinaten des Scheitelpunktes ablesen: $S(-2|4)$.

Die Funktionsgleichung einer quadratischen Funktion kann in der Scheitelform $f(x) = a(x - d)^2 + e$ oder in der Normalform $f(x) = ax^2 + bx + c$ dargestellt werden.
Durch Ausmultiplizieren erhält man aus der Scheitelform die Normalform.
Durch quadratische Ergänzung erhält man aus der Normalform die Scheitelform.

Beispiel

Der Benzinverbrauch B (in l/100 km) eines im 4. Gang fahrenden Sportwagens lässt sich in Abhängigkeit von der Geschwindigkeit v (in km/h) berechnen:

$B = 0{,}0006v^2 - 0{,}048v + 8.$

Bei welcher Geschwindigkeit ist der Verbrauch am geringsten?

Lösung:

Mit dem GTR ermittelt man den Scheitel $S(40|7{,}04)$. Da die zugehörige Parabel nach oben geöffnet ist, erhält man:

Bei einer Geschwindigkeit von $v = 40$ km/h ist der Verbrauch mit $B = 7{,}04$ l/100 km am geringsten.

5 Optimierungsaufgaben

Bei vielen Problemen des Alltags, der Technik oder der Wirtschaft ist danach gefragt, wann eine Größe (z. B. Flächeninhalt, Gewinn) den kleinsten oder den größten Wert annimmt. Bei Größen, die sich durch eine quadratische Funktion bestimmen lassen, können diese Werte mithilfe des Scheitelpunktes der zugehörigen Parabel berechnet werden.

Mit einem 12 m langen Zaun soll an einer Hauswand ein Rechteck eingezäunt werden. Wie lang müssen die Seiten des Rechtecks gewählt werden, damit es einen möglichst großen Flächeninhalt besitzt? Wie groß wäre dieser dann?

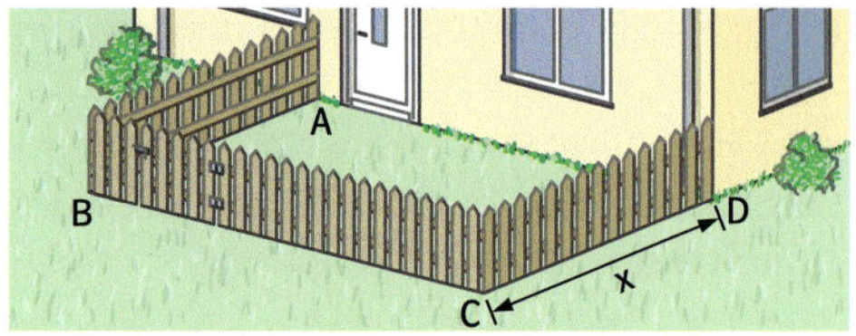

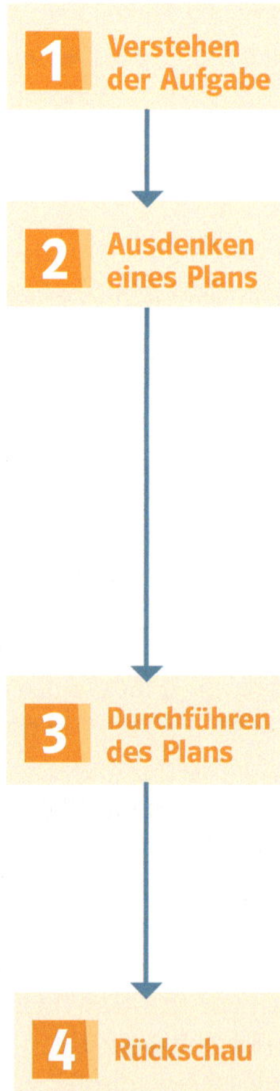

Verstehen der Aufgabe
- Der Zaun ist 12 m lang. An der Hauswand wird kein Zaun benötigt.
- Der Flächeninhalt A (in m^2) soll maximal werden.

Einführung einer Variablen, Aufstellen einer Funktionsgleichung
Für die Länge der Querseiten $\overline{AB}$ und $\overline{CD}$ wählt man die Variable x. Da die Gesamtlänge des Zauns 12 m beträgt, bleibt für die Längsseite $\overline{BC}$ eine Länge von $12 - 2x$. Die Funktion $x \to A$ mit der Funktionsgleichung $A = x(12 - 2x)$ ist quadratisch. Der x-Wert des Scheitels der zugehörigen Parabel ist die gesuchte Länge der Querseite.

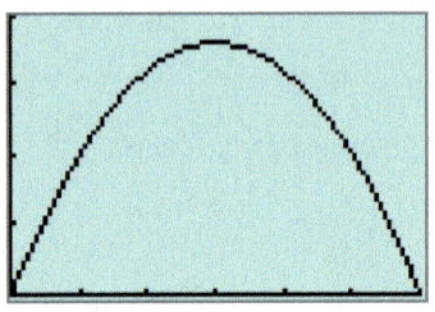
Fig. 1

Bestimmung des Scheitels
Man bestimmt den Scheitelpunkt, z. B. mithilfe des GTR, und erhält $S(3|18)$. Da die Parabel nach unten geöffnet ist, ist der Flächeninhalt für $x = 3$ mit 18 am größten. Für die andere Seite des Rechtecks erhält man $12 - 2 \cdot 3 = 6$.

Antwortsatz
Wird für die Querseite des Rechtecks 3 m gewählt, so ist die Längsseite 6 m lang und der Flächeninhalt mit 18 m^2 maximal. Das heißt, das Haus muss mindestens 6 m lang sein.

Bei vielen Problemen im Alltag, bei denen man größte oder kleinste Werte sucht, treten quadratische Funktionen auf. Man bestimmt hierbei die Koordinaten des Scheitels der jeweiligen Parabel.

6 Lösen von quadratischen Gleichungen

Fragt man bei der Funktion f mit der Funktionsgleichung $y = ax^2 + bx + c$ danach, wann sie den Wert 0 annimmt, so sucht man die Lösungen der quadratischen Gleichung $ax^2 + bx + c = 0$. Um diese Lösungen zu finden, hat man verschiedene Möglichkeiten.

Eine quadratische Gleichung der Form $ax^2 + bx + c = 0$ kann man unterschiedlich lösen:

1. Näherungsweise mit zeichnerischen Lösungsverfahren:
   - am Graphen die Nullstellen der Funktion f mit $y = ax^2 + bx + c$ bestimmen oder
   - die Schnittpunkte der Graphen von $y = x^2$ und $y = -\frac{b}{a}x - \frac{c}{a}$ bestimmen.
2. Exakt mit den **abc-Formeln** (rechnerisches Lösungsverfahren):

$x_1 = \frac{-b + \sqrt{b^2 - 4ac}}{2a}$; $x_2 = \frac{-b - \sqrt{b^2 - 4ac}}{2a}$

Der Term unter der Wurzel wird auch als ***Diskriminante*** *bezeichnet.*

Eine quadratische Gleichung der Form $ax^2 + bx + c = 0$ besitzt entweder zwei Lösungen, eine einzige Lösung oder keine Lösung. Denn dem Graphen der Funktion mit $y = ax^2 + bx + c$ kann man sofort entnehmen, ob er zwei, eine oder keine Schnittstellen mit der x-Achse hat (Nullstellen der Funktion).

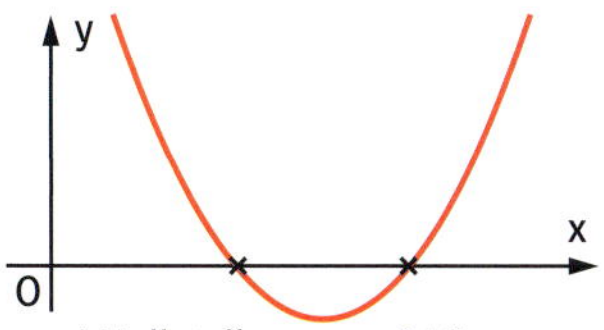

zwei Nullstellen – zwei Lösungen

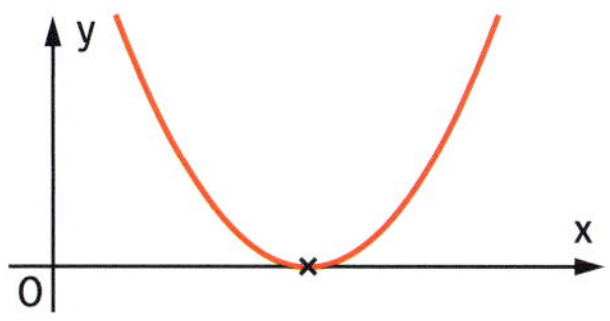

eine Nullstelle – eine Lösung

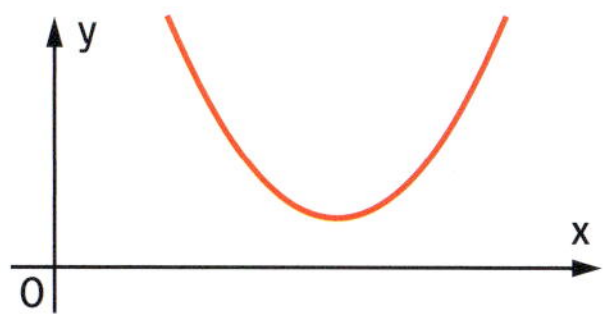

keine Nullstelle – keine Lösung

Bei der abc-Formel erkennt man an der Wurzel $\sqrt{b^2 - 4ac}$ die Anzahl der Lösungen.

Ist $b^2 - 4ac > 0$, liefern x_1 und x_2 verschiedene Werte – es gibt ***zwei*** *Lösungen.*

Ist $b^2 - 4ac = 0$, liefern beide Formeln denselben Wert – es gibt ***eine*** *Lösung.*

Ist $b^2 - 4ac < 0$, kann man keine Wurzel ziehen und die Werte für x_1 und x_2 somit nicht berechnen – es gibt ***keine*** *Lösung.*
Man kann auch so vorgehen:
Bezeichnet man $\frac{b}{a} = p$ und $\frac{c}{a} = q$, so erhält man:
$ax^2 + bx + c = 0 \;|:a$
$x^2 + \frac{b}{a}x + \frac{c}{a} = 0$, *also*
$x^2 + px + q = 0$,
und es gilt:
$x_1 = -\frac{p}{2} + \sqrt{\left(\frac{p}{2}\right)^2 - q}$
und
$x_2 = -\frac{p}{2} - \sqrt{\left(\frac{p}{2}\right)^2 - q}$
(pq-Formeln).

Beispiel

a) Löse die Gleichung $8{,}5x^2 + 8{,}5x - 17 = 0$ zeichnerisch mithilfe der Schablone für die Normalparabel.
b) Löse die Gleichung rechnerisch.
c) Vergleiche beide Lösungsverfahren.

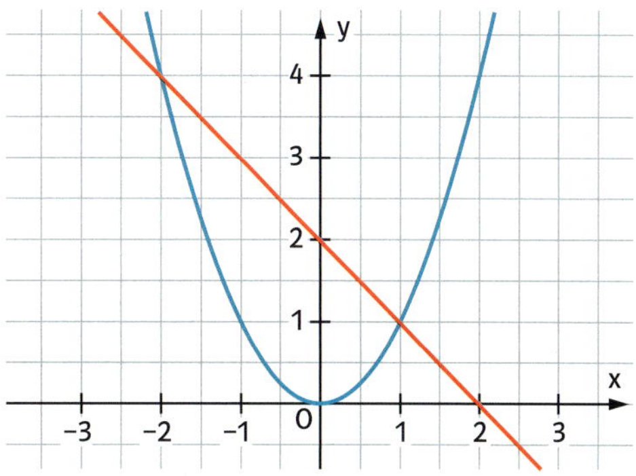

Lösung:
a) *Zunächst muss man die Gleichung so umformen, dass x^2 alleine steht:*
$8{,}5x^2 + 8{,}5x - 17 = 0 \quad | :8{,}5$
$x^2 + x - 2 = 0 \quad | -x + 2$
$x^2 = -x + 2$
Dann zeichnet man die Normalparabel und die Gerade mit $y = -x + 2$ und liest die x-Werte der Schnittpunkte ab: Die Lösungen sind $x_1 \approx 1$ und $x_2 \approx -2$.
b) Mithilfe der Formeln erhält man durch Einsetzen von $a = 8{,}5$, $b = 8{,}5$ und $c = -17$ die Lösungen: $x_1 = \frac{-8{,}5 + \sqrt{8{,}5^2 - 4 \cdot 8{,}5 \cdot (-17)}}{2 \cdot 8{,}5} = 1$; $x_2 = \frac{-8{,}5 - \sqrt{8{,}5^2 - 4 \cdot 8{,}5 \cdot (-17)}}{2 \cdot 8{,}5} = -2$.
c) Beide Lösungswege zeigen, dass es zwei Lösungen geben muss (Anzahl der Schnittpunkte in Teilaufgabe a) und Anzahl der Lösungen in Teilaufgabe b)). Obwohl man die Lösungen in a) gut ablesen kann, weiß man nicht, ob diese exakt sind. Diese Exaktheit liefert die Lösung in Teilaufgabe b).

IX Ganzrationale Funktionen

1 Potenzfunktionen mit natürlichen Exponenten

Eine Funktion f: x → y mit einer Funktionsgleichung wie $y = 2x^3$, $y = -5x^3$ oder $y = \frac{3}{4}x^3$ heißt **Potenzfunktion dritten Grades** oder auch kubische Funktion.
Entsprechend gibt es auch Potenzfunktionen vierten, fünften oder noch höheren Grades.

Potenzfunktionen ersten und zweiten Grades sind „alte Bekannte": $x \to a \cdot x^1$ (proportionale Funktion) und $x \to a \cdot x^2$ (spezielle quadratische Funktion).

Für jeden natürlichen Exponenten n (n > 0) und jede Zahl a (a ≠ 0) heißt die Funktion f: $x \to a \cdot x^n$ **Potenzfunktion n-ten Grades.**

Um den Einfluss des Exponenten der Potenzfunktion f: $x \to a \cdot x^n$ leichter erkennen und vergleichen zu können, wird zunächst jeweils der Vorfaktor a = 1 gewählt.

Eigenschaften der Potenzfunktionen p: $x \to x^n$ ($n \in \mathbb{N}$, n > 0):

x	x^1	x^2	x^3	x^4
−3	−3	9	−27	81
−2	−2	4	−8	16
−1	−1	1	−1	1
0	0	0	0	0
1	1	1	1	1
2	2	4	8	16
3	3	9	27	81

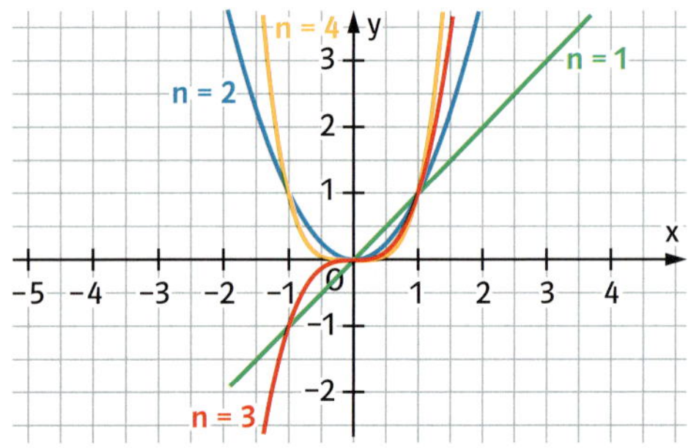

1. Für alle betrachteten Funktionen gilt: p(0) = 0. Alle Graphen verlaufen also durch den Ursprung O(0 | 0).
2. Bei geraden Exponenten gibt es keine negativen Funktionswerte. Die Funktionswerte zu betragsgleichen x-Werten wie zum Beispiel zu 3 und −3 sind jeweils gleich groß: p(−x) = p(x). Die Graphen sind jeweils achsensymmetrisch zur y-Achse.
3. Bei ungeraden Exponenten unterscheiden sich die Funktionswerte zu betragsgleichen x-Werten jeweils nur im Vorzeichen: p(−x) = −p(x). Die Graphen sind jeweils punktsymmetrisch zum Ursprung.

Beispiel Potenzfunktionen mit dem GTR

a) Welche „Y-Bereiche" muss man beim GTR für die Funktion f bzw. g wählen, damit alle Funktionswerte für $-3 \leqq x \leqq 3$ dargestellt werden?

f mit $y = 0{,}5x^3$ g mit $y = -2x^4$

b) Welche „Y-Bereiche" muss man beim GTR für die Funktion f bzw. g wählen, damit alle Funktionswerte für $-6 \leqq x \leqq 6$ dargestellt werden?

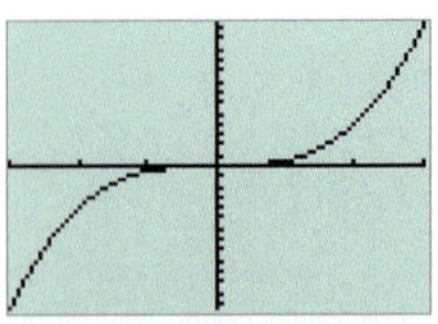

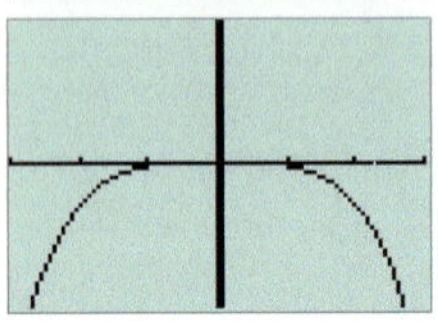

Lösung:

a) *Mit dem GTR bestimmt man die kleinsten und die größten Funktionswerte. Man erhält:*

f: Ymin = −13,5; Ymax = 13,5 g: Ymin = −162; Ymax = 162

b) *Werden die x-Werte verdoppelt, so verachtfachen sich die y-Werte bei einer Potenzfunktion dritten Grades und versechzehnfachen sich bei einer Potenzfunktion vierten Grades. Man erhält:*

f: Ymin = −108; Ymax = 108 g: Ymin = −2592; Ymax = 2592

2 Ganzrationale Funktionen

Eine Funktion f, deren Funktionsgleichung man in der Form $f(x) = a_n x^n + a_{n-1} x^{n-1} + \ldots + a_1 x + a_0$ schreiben kann, heißt **ganzrationale Funktion n-ten Grades**. Dabei sind $a_0; a_1; \ldots; a_n$ reelle Zahlen ($a_n \neq 0$) und n eine natürliche Zahl. a_0 heißt absolutes Glied; n heißt Grad der Funktion.

Ganzrationale Funktionen sind Summen von Potenzfunktionen.

Eigenschaften ganzrationaler Funktionen und ihrer Graphen
Symmetrie
- Wenn der Funktionsterm nur x-Potenzen mit ungerader Hochzahl enthält, dann ist der Graph punktsymmetrisch zum Ursprung.
- Wenn der Funktionsterm nur x-Potenzen mit gerader Hochzahl enthält, dann ist der Graph symmetrisch zur y-Achse.

Verhalten für $x \to \pm\infty$
- Für $x \to \pm\infty$ wird das Verhalten einer ganzrationalen Funktion vom Summanden mit der höchsten x-Potenz bestimmt.
- Der Graph verhält sich wie die Kurve mit der Gleichung $y = a_n x^n$, wobei n der Grad von f ist.

Verhalten für x nahe 0
- Für x nahe 0 wird das Verhalten einer ganzrationalen Funktion von den Summanden mit den niedrigsten x-Potenzen bestimmt.
- Der Graph verhält sich wie die Kurve mit der Gleichung $y = a_k x^k + a_0$, wobei k die niedrigste x-Potenz ist.

$f(x) = 2x^3 - 4x$

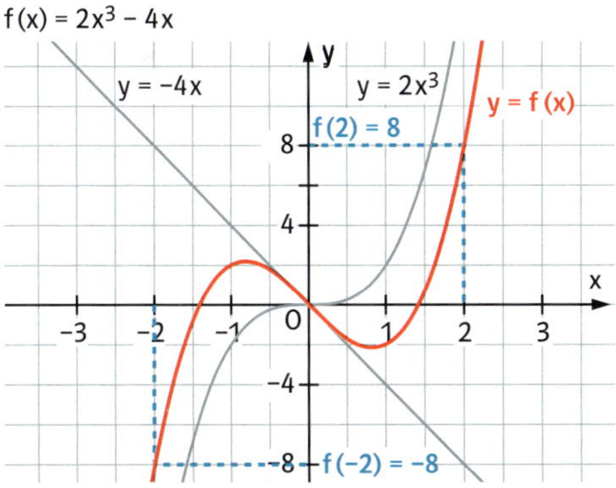

$g(x) = x^4 - 2x^2 + 1$

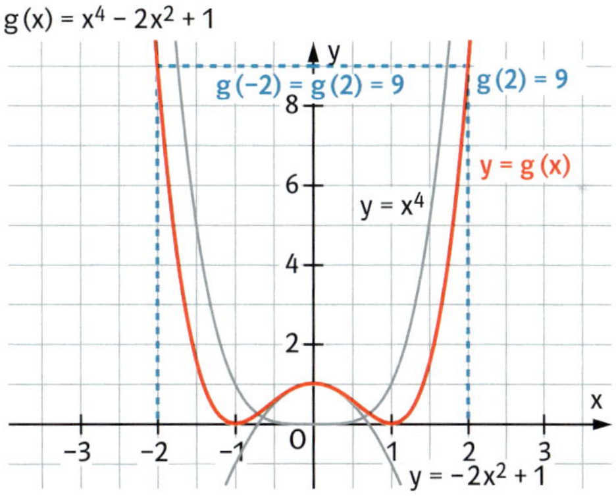

Vom Funktionsterm kann häufig schon auf den ungefähren Verlauf des Graphen geschlossen werden.

Beispiel Eigenschaften des Graphen einer ganzrationalen Funktion
Gegeben ist die Funktion f mit $f(x) = -0{,}5x^4 + 3x^2 - 2$. Triff, ohne GTR und Rechnung, möglichst viele Aussagen über den Graphen von f. Fertige eine Skizze an.
Lösung:
Der Graph ist symmetrisch zur y-Achse, weil der Funktionsterm nur x-Potenzen mit geraden Hochzahlen enthält.
Für betragsmäßig große x verhält sich f wie die Funktion g mit $g(x) = -0{,}5x^4$, das bedeutet, dass die Funktionswerte für $x \to \pm\infty$ gegen $-\infty$ streben.
Für x nahe 0 nähert sich der Graph der Kurve mit der Gleichung $y = 3x^2 - 2$. Deshalb ist $T(0\,|\,-2)$ ein Tiefpunkt des Graphen von f. Aufgrund des Verhaltens von f für $x \to \pm\infty$ besitzt der Graph noch zwei Hochpunkte und keine weiteren Tiefpunkte. Skizze: Fig. 1.

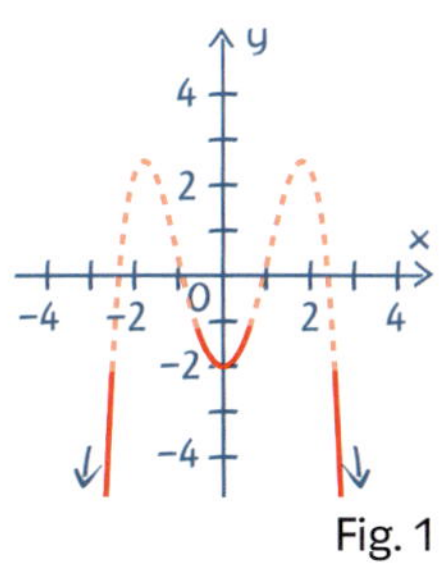
Fig. 1

3 Polynomdivision – Linearfaktorzerlegung

*Der Begriff **Linearfaktoren** leitet sich von linearen Funktionen ab – auch hier hat die Variable x den Exponenten 1: $f(x) = m \cdot x^1 + n$.*

Auch die Funktion f mit $f(x) = (x + 3)(x - 4)(x - 1)$ ist eine ganzrationale Funktion dritten Grades, denn ihr Funktionsterm kann durch Ausmultiplizieren in die Form $a_3x^3 + a_2x^2 + a_1x + a_0$ gebracht werden, wobei a_0, a_1, a_2 und a_3 reelle Zahlen sind. Allgemein nennt man Terme der Form $a_nx^n + a_{n-1}x^{n-1} + \ldots + a_2x^2 + a_1x + a_0$ **Polynome**, die reellen Zahlen $a_0, \ldots, a_n$ heißen **Koeffizienten**. Die Terme $(x - x_k)$ nennt man **Linearfaktoren**; x_k sind die Nullstellen der Funktion f. Ein Polynom lässt sich durch schrittweises Dividieren durch einzelne Linearfaktoren, der sogenannten **Polynomdivision**, in ein Produkt umformen.

Eine erste Nullstelle kann beispielsweise durch Ausprobieren bestimmt werden.

Polynomdivision

Zur Bestimmung des ersten Linearfaktors muss eine Nullstelle der Funktion bekannt sein. Die Funktion dritten Grades f mit $f(x) = x^3 - 2x^2 - 11x + 12$ hat die Nullstelle $x_1 = 1$. Der gesuchte erste Linearfaktor ist $(x - 1)$. Der Funktionsterm von f lässt sich also schreiben als $f(x) = g(x) \cdot (x - 1)$; dabei ist g eine ganzrationale Funktion vom Grad 2. Zur Bestimmung des Terms von g wird die Division $g(x) = f(x) : (x - 1)$ ausgeführt.

$$
\begin{array}{l}
(x^3 - 2x^2 - 11x + 12) : (x - 1) = x^2 - x - 12 \\
\underline{-(x^3 - 1x^2)} \\
\qquad -x^2 - 11x \\
\qquad \underline{-(-x^2 + \quad x)} \\
\qquad\qquad -12x + 12 \\
\qquad\qquad \underline{-(-12x + 12)} \\
\qquad\qquad\qquad 0
\end{array}
\qquad
\begin{array}{l}
-12x : x = -12 \\
-x^2 : x = -x \\
x^3 : x = x^2
\end{array}
$$

*Man nennt diese Darstellungsform **Linearfaktorzerlegung**, weil die einzelnen Faktoren lineare Terme sind.*

Es ist $g(x) = x^2 - x - 12$, also $f(x) = (x^2 - x - 12) \cdot (x - 1)$. Man kann die Funktion g nun noch in weitere Linearfaktoren zerlegen. Die vollständige **Linearfaktorzerlegung** der Funktion f lautet $f(x) = (x + 3)(x - 4)(x - 1)$.

Mehr als drei Linearfaktoren können bei einer ganzrationalen Funktion dritten Grades nicht vorkommen, andernfalls würden beim Ausmultiplizieren höhere Potenzen von x entstehen. Also hat eine ganzrationale Funktion vom Grad 3 höchstens drei Nullstellen. Allgemein hat eine ganzrationale Funktion vom Grad n höchstens n Nullstellen.
Hat eine ganzrationale Funktion vom Grad n genau n Nullstellen, so lässt sich der Funktionsterm vollständig in Linearfaktoren zerlegen. Dies ist nicht bei allen Funktionen gegeben, z. B. $h(x) = (x^2 + 1) \cdot (x - 3)$.

Beispiel

Gib eine Linearfaktorzerlegung der Funktion f mit $f(x) = x^3 - 19x + 30$ an.
Lösung:

Tipp:
Die Polynomdivision wird übersichtlicher, wenn man den Summanden $0x^2$ ergänzt.

Durch Probieren findet man die erste Nullstelle $x_1 = 2$, denn $f(2) = 8 - 38 + 30 = 0$. Durch Polynomdivision erhält man $f(x) = (x - 2)(x^2 + 2x - 15)$. Durch Lösen der quadratischen Gleichung $x^2 + 2x - 15 = 0$ erhält man die anderen beiden Nullstellen $x_2 = 3$ und $x_3 = -5$.
Damit ist $f(x) = (x - 2) \cdot (x - 3) \cdot (x + 5)$.

$$
\begin{array}{l}
(x^3 + 0x^2 - 19x + 30) : (x - 2) = x^2 + 2x - 15 \\
\underline{-(x^3 - 2x^2)} \\
\qquad 2x^2 - 19x \\
\qquad \underline{-(2x^2 - \ 4x)} \\
\qquad\qquad -15x + 30 \\
\qquad\qquad \underline{-(-15x + 30)} \\
\qquad\qquad\qquad 0
\end{array}
$$

4 Nullstellen ganzrationaler Funktionen

Eine ganzrationale Funktion vom Grad n ($n \in \mathbb{N}$) hat höchstens n Nullstellen.
Nullstellen von ganzrationalen Funktionen kann man, je nachdem, in welcher Darstellungsform die Funktionsgleichung gegeben ist, mit verschiedenen Verfahren bestimmen.

- Durch **Ablesen**, wenn die Funktionsgleichung nur aus Linearfaktoren besteht. — z. B. $f(x) = -0{,}5\cdot(x-3)\cdot(x-1)^2\cdot(x+2)$
- Durch **Ausklammern**, wenn alle Summanden des Funktionsterms Variablen enthalten. — z. B. $f(x) = x^3 - 2x^2 = x^2(x-2)$
- Durch **Substitution**, wenn der Funktionsterm nur die Potenzen x^2 und x^4 oder x^3 und x^6 (usw.) enthält. — z. B. $f(x) = x^4 - 7x^2 + 12 = z^2 - 7z + 12$ mit $z = x^2$
- Durch **Polynomdivision**, wenn man eine Nullstelle z. B. durch Ausprobieren herausgefunden hat. — z. B. $f(x) = x^3 - 6x^2 + 11x - 6$ mit $x_N = 2$, denn $f(2) = 0$

Wenn keines der Verfahren anwendbar ist, muss man die Nullstellen näherungsweise am Graphen ablesen.

Beispiel 1 Nullstellenberechnung durch Ausklammern und Substituieren
Bestimme die Nullstellen der Funktion f mit $f(x) = x^5 - 4x^3 - 5x$. Überprüfe das Ergebnis mit dem GTR oder einem Funktionsplotter.
Lösung:
Zu lösen ist die Gleichung $x^5 - 4x^3 - 5x = 0$.
Ausklammern von x ergibt $x(x^4 - 4x^2 - 5) = 0$. Eine Nullstelle ist daher $x_1 = 0$.
In der Gleichung $x^4 - 4x^2 - 5 = 0$ wird x^2 durch z ersetzt.
Die Gleichung $z^2 - 4z - 5 = 0$ hat die Lösungen $z_1 = 5$ und $z_2 = -1$.
Rücksubsituieren ($z_1 = x^2$ bzw. $z_2 = x^2$) liefert $x^2 = 5$ und $x^2 = -1$.
$x^2 = 5$ liefert die Nullstellen $x_2 = -\sqrt{5}$ und $x_3 = \sqrt{5}$.
Dagegen hat $x^2 = -1$ keine Lösung, da x^2 stets größer oder gleich null ist.
Die Funktion f hat die Nullstellen $-\sqrt{5}$; 0 und $\sqrt{5}$.
Bei der Überprüfung ist zu beachten, dass der Funktionsplotter nur Näherungswerte liefert.

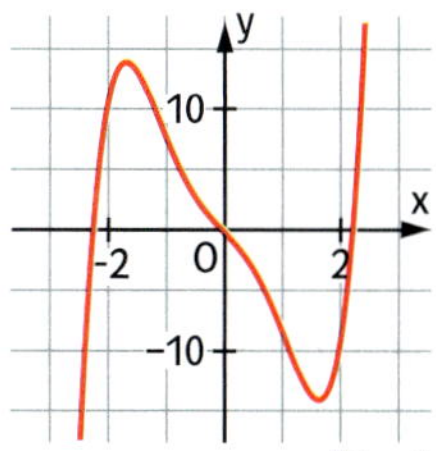

Fig. 1

Beispiel 2 Aufstellen einer Funktion
Gib die Gleichungen von drei Funktionen mit den beiden Nullstellen −1 und 3 an.
Mögliche Lösung:
Man verwendet die Darstellung der Funktionsgleichung in der Linearfaktorzerlegung.
$f(x) = (x+1)\cdot(x-3)$ oder $g(x) = (x+1)\cdot(x-3)^2$ oder $h(x) = (x+1)\cdot(x-3)\cdot(x^2+1)$, denn die Funktion $i(x) = x^2 + 1$ hat keine Nullstellen. Fig. 2 zeigt die Graphen der Funktionen.

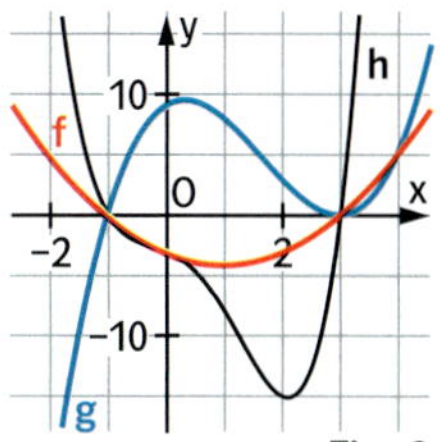

Fig. 2

Beispiel 3 Nullstellenberechnung durch Ausklammern und Ablesen
Bestimme alle Nullstellen der Funktion f mit $f(x) = x^3 - 28x$.
Lösung:
Durch Ausklammern von x erhält man $f(x) = x(x^2 - 28)$. Wendet man die 3. binomische Formel an, so erhält man $f(x) = x(x + \sqrt{28})(x - \sqrt{28})$. Aus dieser Darstellung lassen sich die Nullstellen $x_1 = 0$, $x_2 = -\sqrt{28}$ und $x_3 = \sqrt{28}$ ablesen.

5 Verschieben und Strecken von Graphen

Verschiedene Fälle
$c > 0$: Verschiebung nach rechts
$c < 0$: Verschiebung nach links
$0 < k < 1$: Stauchung

Den Graphen der Funktion g mit $g(x) = f(x - c) + d$ erhält man, indem man den Graphen von f um c in Richtung der x-Achse und um d in Richtung der y-Achse verschiebt.

Den Graphen der Funktion h mit $h(x) = k \cdot f(x)$; $k > 0$, erhält man, indem man den Graphen von f von der x-Achse aus in y-Richtung mit dem Faktor k streckt.

Wenn man negative Streckfaktoren k zulässt, muss man den Graphen der Funktion zuerst an der x-Achse spiegeln, bevor man ihn streckt.

Beispiel 1 Streckung bzw. Verschiebung angeben, Graphen zeichnen
Gegeben ist die Funktion f mit $f(x) = x^4 - 2x^2$. Gib an, wie man die Graphen der Funktionen g mit $g(x) = (x + 2)^4 - 2(x + 2)^2 - 1$ und h mit $h(x) = -3 \cdot \left((x - 1)^4 - 2(x - 1)^2\right)$ aus dem Graphen der Funktion f erhält.
Lösung:
Graph von g: Der Graph von f wird um 2 Einheiten nach links und um eine Einheit nach unten verschoben (Fig. 1).
Graph von h: Der Graph von f wird um eine Einheit nach rechts verschoben, an der x-Achse gespiegelt und mit dem Faktor 3 gestreckt (Fig. 1).

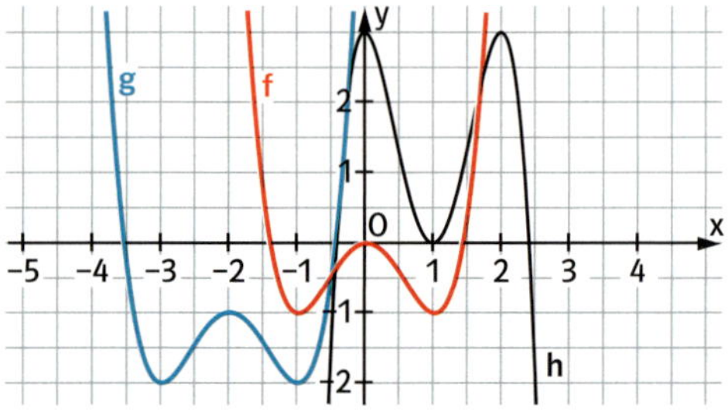

Fig. 1

Beispiel 2 Funktionsterme angeben
Gegeben ist die Funktion f mit $f(x) = -x^3 + 2x$.
a) Man erhält in Fig. 2 den Graphen von g, wenn man den Graphen von f verschiebt. Beschreibe die Verschiebung und gib einen Funktionsterm für g an.
b) Man erhält in Fig. 2 den Graphen von h, wenn man den Graphen von f in y-Richtung streckt. Beschreibe die Streckung und gib einen Funktionsterm für h an.

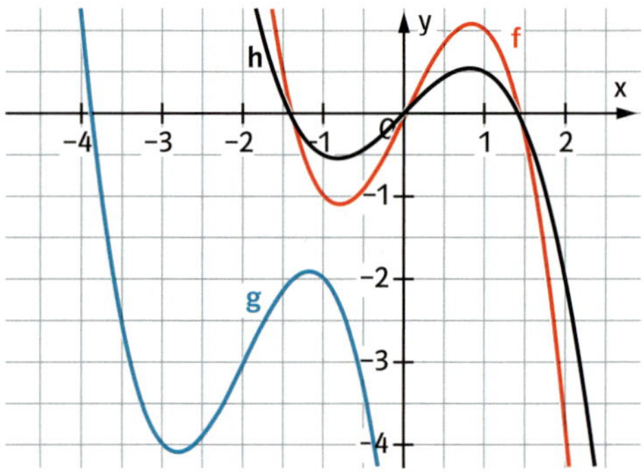

Fig. 2

Lösung:
a) *Dem Punkt $(0|0)$ des Graphen von f entspricht der Punkt $(-2|-3)$ des Graphen von g.*
Man erhält den Graphen von g, indem man den Graphen von f um 2 Einheiten nach links und um 3 Einheiten nach unten verschiebt:
$g(x) = f(x + 2) - 3 = -(x + 2)^3 + 2(x + 2) - 3$.
b) *Es gilt: $f(1) = 1$ und $h(1) = 0{,}5$.* Man erhält den Graphen von h, indem man den Graphen von f mit dem Faktor 0,5 in y-Richtung streckt:
$h(x) = 0{,}5 \cdot f(x) = -0{,}5x^3 + x$.

X Trigonometrische Funktionen

1 Sinus- und Kosinusfunktion

Zu jedem Punkt P auf dem Einheitskreis (Radius 1) gehört ein Winkel und ein rechtwinkliges Dreieck mit der Hypotenusenlänge 1.

Im roten Dreieck entspricht der Sinus zum Winkel α der Länge der Gegenkathete und der Kosinus der Länge der Ankathete:

$\sin(\alpha) = \frac{\text{Gegenkathete}}{\text{Hypotenuse}} = \frac{\text{Gegenkathete}}{1}$

$\cos(\alpha) = \frac{\text{Ankathete}}{\text{Hypotenuse}} = \frac{\text{Ankathete}}{1}$

Der Eckpunkt P des roten Dreiecks hat die Koordinaten $P(\cos(\alpha)|\sin(\alpha))$.

Für Winkel $\alpha \geqq 90°$ erklärt man Sinus und Kosinus ebenfalls über die Koordinaten solcher Eckpunkte (vgl. Fig. 1).

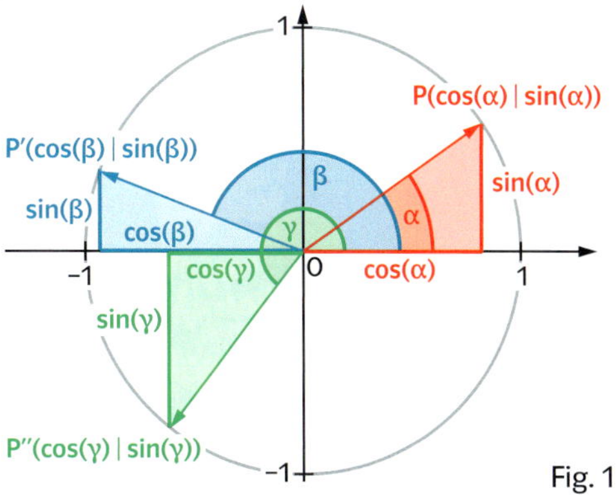

Fig. 1

Wegen der Lage der Punkte P' und P'' auf dem Einheitskreis sind in Fig. 1 cos(β) (blaues Dreieck) sowie sin(γ) und cos(γ) (grünes Dreieck) negativ.

Damit ist eine Zuordnung $\alpha \to \sin(\alpha)$ gegeben. Man kann den Winkel statt in Grad im zugehörigen Bogenmaß x angeben. Die Zuordnung $x \to \sin(x)$, welche jedem Winkel x im Bogenmaß den Sinus dieses Winkels zuordnet, heißt **Sinusfunktion**. Auf gleichem Weg lässt sich die **Kosinusfunktion** $x \to \cos(x)$ definieren. Die so definierten Funktionen sin und cos heißen **trigonometrische Funktionen**.

Durchläuft der Zeiger $\overline{OP}$ in Fig. 1 den Kreis einmal, so entspricht dies dem Bogenmaß 2π. Wenn der Zeiger den Einheitskreis eineinhalbmal durchläuft, so entspricht dies einem Bogenmaß von 3π. Tatsächlich befindet sich der Zeiger aber an derselben Stelle wie nach einer halben Umdrehung, deshalb gilt: $\sin(3\pi) = \sin(\pi)$ und $\cos(3\pi) = \cos(\pi)$. Man sagt: Sinus- und Kosinusfunktion sind periodisch mit der **Periode 2π**. Es gilt allgemein, wenn man auch negative Umläufe berücksichtigt:
$\sin(x + 2\pi \cdot z) = \sin(x)$ bzw. $\cos(x + 2\pi \cdot z) = \cos(x)$ für alle ganzen Zahlen z.

Beispiel Gegebener Funktionswert
Für welche $x \in [0; 2\pi)$ gilt $\sin(x) = -\frac{1}{2}$? Gib die Lösungen als Vielfache von π an. Löse
a) auf 4 Dezimalen genau mithilfe des GTR, b) mithilfe des Einheitskreises.
Lösung:
a) *Man bestimmt die Stellen, an denen sich die Graphen Y1 und Y2 mit Y1=SIN(X) und Y2=−1/2 schneiden (Fig. 2).*
$x_1 = 3{,}6652 = 1{,}1667 \cdot \pi$; $x_2 = 5{,}7596 = 1{,}8333 \cdot \pi$
Im Rechenmodus liefert der GTR eine Lösung, die nicht im vorgegebenen Intervall liegt. Die gesuchten Lösungen kann man daraus durch Überlegungen am Graphen oder am Einheitskreis berechnen (Fig. 3).
b) *Es gilt:* $\sin(30°) = \frac{1}{2}$.
Zu den gesuchten Dreiecken im Einheitskreis gehören daher die Winkel
$\alpha = 180° + 30° = 210°$ und
$\beta = 360° - 30° = 330°$ (Fig. 4)
bzw.
$x_1 = 210° \cdot \frac{\pi}{180°} = \frac{7\pi}{6}$ und $x_2 = 330° \cdot \frac{\pi}{180°} = \frac{11\pi}{6}$.

Einstellungen im MODE-Fenster:
DEGREE: Gradmaß
RADIAN: Bogenmaß

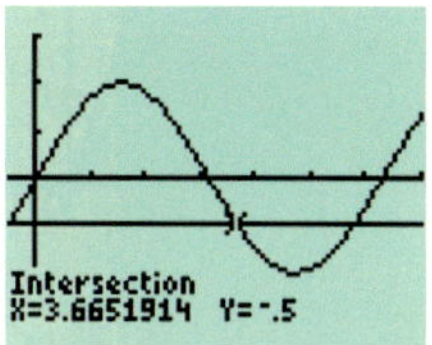

Fig. 2

Fig. 3

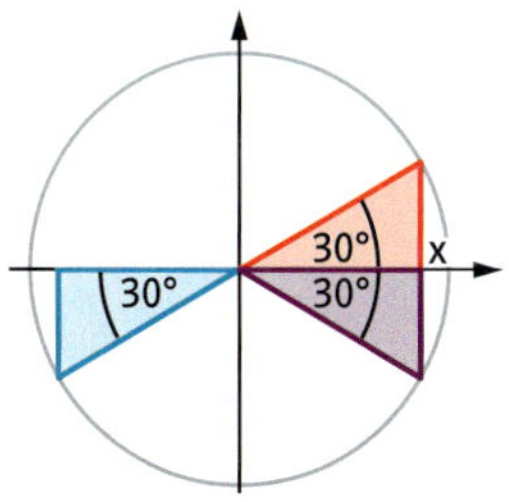

Fig. 4

2 Eigenschaften der trigonometrischen Funktionen

Aus der Formelsammlung:

x	sin(α)	cos(α)
0	$\frac{1}{2}\sqrt{0}$	$\frac{1}{2}\sqrt{4}$
$\frac{\pi}{6}$	$\frac{1}{2}\sqrt{1}$	$\frac{1}{2}\sqrt{3}$
$\frac{\pi}{4}$	$\frac{1}{2}\sqrt{2}$	$\frac{1}{2}\sqrt{2}$
$\frac{\pi}{3}$	$\frac{1}{2}\sqrt{3}$	$\frac{1}{2}\sqrt{1}$
$\frac{\pi}{2}$	$\frac{1}{2}\sqrt{4}$	$\frac{1}{2}\sqrt{0}$

Fig. 2

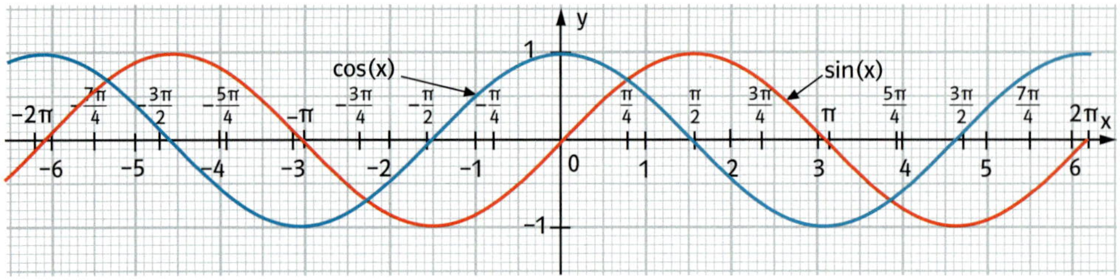

Fig. 1

Eigenschaft	Für alle reellen Zahlen x gilt
Periodenlänge 2π	$\sin(x + k\cdot 2\pi) = \sin(x)$ mit $k \in \mathbb{Z}$ $\cos(x + k\cdot 2\pi) = \cos(x)$ mit $k \in \mathbb{Z}$
Verschiebt man den Graphen der einen Funktion parallel zur x-Achse, so erhält man den Graphen der anderen Funktion.	$\cos(x) = \sin\left(x + \frac{\pi}{2}\right)$ $\sin(x) = \cos\left(x - \frac{\pi}{2}\right)$
Nullstellen	$\sin(x) = 0$, wenn $x = k\pi$ mit $k \in \mathbb{Z}$ $\cos(x) = 0$, wenn $x = \frac{\pi}{2} + k\pi$ mit $k \in \mathbb{Z}$
größte Funktionswerte	$\sin(x) = 1$, wenn $x = \frac{\pi}{2} + k\cdot 2\pi$ mit $k \in \mathbb{Z}$ $\cos(x) = 1$, wenn $x = k\cdot 2\pi$ mit $k \in \mathbb{Z}$
kleinste Funktionswerte	$\sin(x) = -1$, wenn $x = \frac{3}{2}\pi + k\cdot 2\pi$ mit $k \in \mathbb{Z}$ $\cos(x) = -1$, wenn $x = \pi + k\cdot 2\pi$ mit $k \in \mathbb{Z}$
gleiche Funktionswerte	$\sin(x) = \sin(\pi - x)$ $\cos(x) = \cos(2\pi - x)$
betragsgleiche, aber nicht gleiche Funktionswerte	$\sin(2\pi - x) = -\sin(x)$ $\cos(\pi - x) = -\cos(x)$
Summe der Quadrate (Satz des Pythagoras)	$\sin^2(x) + \cos^2(x) = 1$

Zwei Zahlen sind betragsgleich, wenn sie bis auf das Vorzeichen gleich sind.

Beispiel 1 wird mithilfe der Eigenschaften der trigonometrischen Funktionen (siehe oben) gelöst.

Beispiel 1

Bestimme mithilfe des Taschenrechners auf drei Nachkommastellen gerundete Werte für alle reellen Zahlen x zwischen 0 und 2π, für die gilt:

a) $\sin(x) = 0{,}7$ b) $\cos(x) = -0{,}3$

Lösung:

a) Der Taschenrechner liefert $x_1 \approx 0{,}775$. Zweite Lösung: $x_2 = \pi - x_1 \approx 2{,}366$.

b) Der Taschenrechner liefert $x_1 \approx 1{,}875$. Zweite Lösung: $x_2 = 2\pi - x_1 \approx 4{,}408$.

Beispiel 2

Bestimme ohne Taschenrechner alle reellen Zahlen x, für die gilt:

a) $\cos(x) = \frac{1}{2}\sqrt{3}$ b) $\cos(x) = 0{,}5$ c) $\sin(x) = \frac{1}{2}\sqrt{3}$ d) $\sin(x) = -0{,}5$

Verwende dazu die Werte aus der Tabelle in Fig. 2.

Lösung:

Bestimme jeweils zuerst die beiden Werte zwischen 0 und 2π.

a) $x_1 = \frac{\pi}{6}$; $x_2 = 2\pi - \frac{\pi}{6} = \frac{11}{6}\pi$. Also gilt: $x_k = \frac{\pi}{6} + k\cdot 2\pi$ oder $x_m = \frac{11}{6}\pi + m\cdot 2\pi$ $(k, m \in \mathbb{Z})$.

b) $x_1 = \frac{\pi}{3}$; $x_2 = 2\pi - \frac{\pi}{3} = \frac{5}{3}\pi$. Also gilt: $x_k = \frac{\pi}{3} + k\cdot 2\pi$ oder $x_m = \frac{5}{3}\pi + m\cdot 2\pi$ $(k, m \in \mathbb{Z})$.

c) $x_1 = \frac{\pi}{3}$; $x_2 = \pi - \frac{\pi}{3} = \frac{2}{3}\pi$. Also gilt: $x_k = \frac{\pi}{3} + k\cdot 2\pi$ oder $x_m = \frac{2}{3}\pi + m\cdot 2\pi$ $(k, m \in \mathbb{Z})$.

d) $x_0 = -\frac{\pi}{6}$; also $x_1 = 2\pi + x_0 = \frac{11}{6}\pi$; $x_2 = \pi - \left(-\frac{\pi}{6}\right) = \frac{7}{6}\pi$.

Also gilt: $x_k = \frac{7}{6}\pi + k\cdot 2\pi$ oder $x_m = \frac{11}{6}\pi + m\cdot 2\pi$ $(k, m \in \mathbb{Z})$.

3 Periode und Amplitude

Bei der Funktion g mit $g(x) = a \cdot \sin(x)$ $(a > 0)$ werden alle Funktionswerte der Sinusfunktion mit dem Faktor a multipliziert. Den Graphen erhält man, indem man den Graphen der Sinusfunktion mit dem Faktor a in y-Richtung streckt. Die Zahl a heißt **Amplitude**.

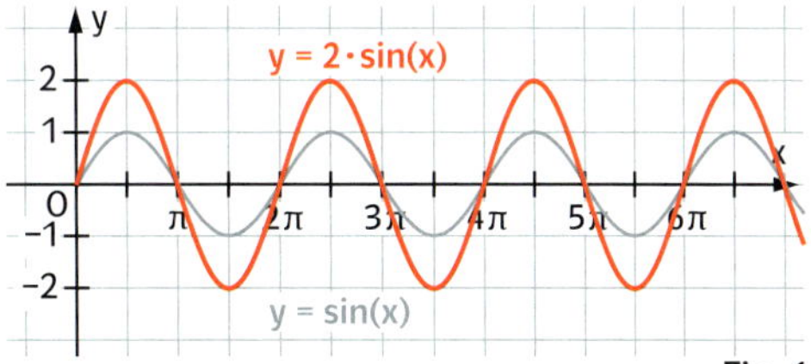

Fig. 1

Beim Strecken und Stauchen in y-Richtung bleiben die Nullstellen erhalten!

Vergleicht man den Graphen der Sinusfunktion (Fig. 3) mit dem Graphen der Funktion g mit $g(x) = \sin(2x)$ stellt man fest, dass der Faktor 2 eine Halbierung der Periode bewirkt.

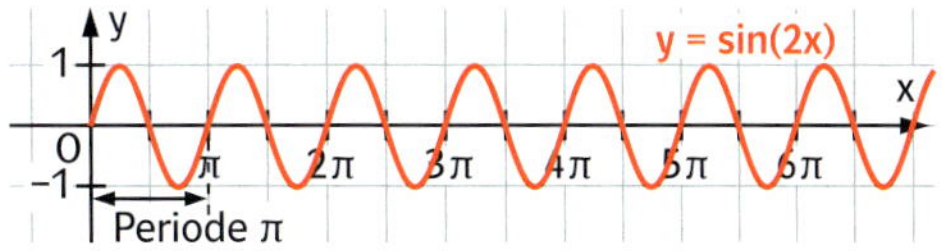

Fig. 2

Bei der Funktion h mit $h(x) = \sin\left(\frac{1}{3}x\right)$ bewirkt der Faktor $\frac{1}{3}$ eine Verdreifachung der Periode gegenüber der Sinusfunktion.

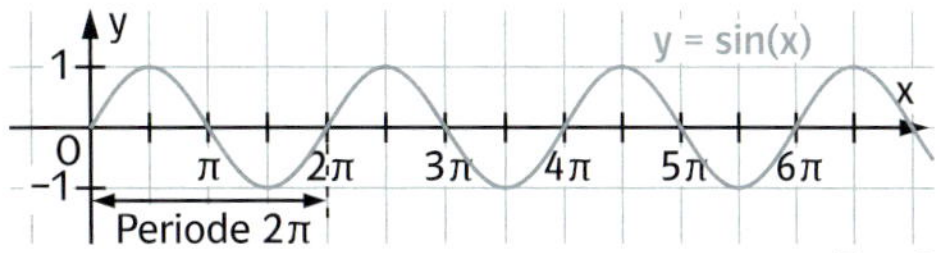

Fig. 3

Beim Strecken und Stauchen in x-Richtung bleibt die Amplitude erhalten!

Allgemein hat die Funktion f mit $f(x) = \sin(bx)$ die **Periode** $p = \frac{2\pi}{b}$.

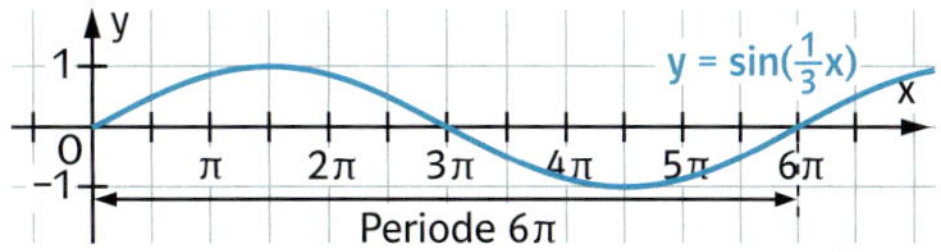

Fig. 4

Es kann auch gleichzeitig in y- und x-Richtung gestreckt oder gestaucht werden. Die Funktion f mit $f(x) = 2\sin(3x)$ ist in y-Richtung gestreckt und in x-Richtung gestaucht (vgl. Fig. 5). Sie besitzt die Amplitude $a = 2$ und die Periode $p = \frac{2\pi}{b} = \frac{2\pi}{3}$.

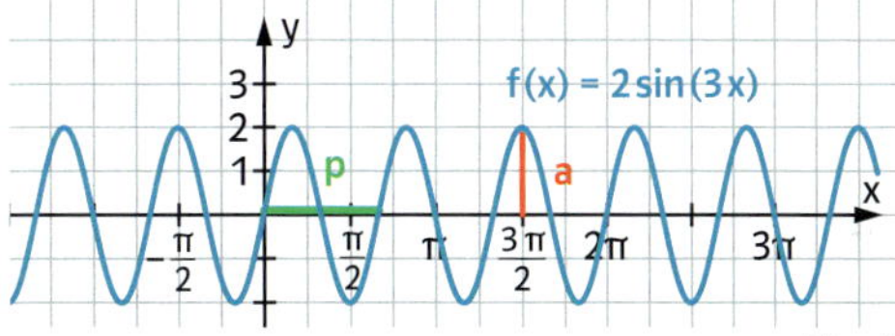

Fig. 5

Die Funktion f mit $f(x) = a \cdot \sin(bx)$; $a, b > 0$, hat die Amplitude a und die Periode $p = \frac{2\pi}{b}$.

Beispiel Funktionsgleichung bestimmen
Bestimme eine Funktionsgleichung zu der Funktion f mit dem Graphen aus Fig. 6
Lösung:
Dem Graphen entnimmt man die Amplitude $a = 1{,}5$ und die Periode $p = \frac{\pi}{2}$.
Wegen $p = \frac{2\pi}{b}$ gilt: $b = \frac{2\pi}{p}$, also
$b = \frac{2\pi}{\left(\frac{\pi}{2}\right)} = \frac{(2\pi \cdot 2)}{\pi} = 4$. Also gehört der Graph zu f mit $f(x) = 1{,}5 \cdot \sin(4x)$.

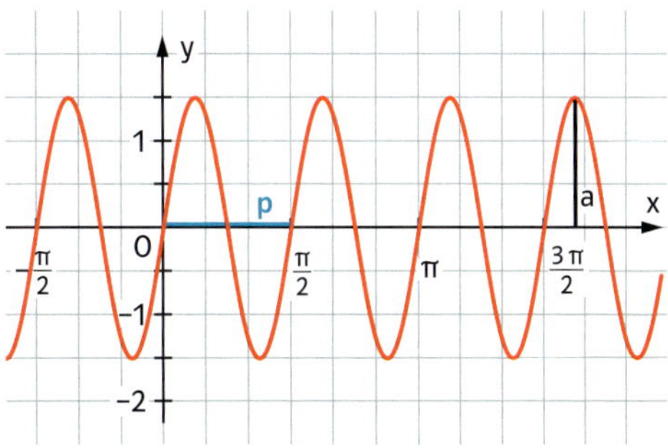

Fig. 6

4 Funktionen der Form $f(x) = a \cdot \sin(b \cdot x - d)$

– Verschieben um d parallel zur x-Achse
– Strecken mit $\frac{1}{|b|}$ in x-Richtung
– Strecken mit a in y-Richtung ergibt $g(x) = a \cdot f(b \cdot x - d)$.

Den Graphen von $x \to a \cdot \sin(b \cdot x - d)$ kann man sich aus dem Graphen von $x \to \sin(x)$ wie folgt entstanden denken:

1. Verschieben in x-Richtung mit d: $x \to \sin(x - d)$
   Positive Werte von d verschieben den Graphen nach rechts, negative nach links.
2. Strecken in x-Richtung mit dem Faktor $\frac{1}{|b|}$: $x \to \sin(b \cdot x - d)$
   Negative Werte von b spiegeln zusätzlich an der y-Achse.
   Periodenlänge: $p = \frac{2\pi}{|b|}$.
3. Strecken in y-Richtung mit dem Faktor $|a|$: $x \to a \cdot \sin(b \cdot x - d)$
   Negative Werte von a spiegeln zusätzlich an der x-Achse.
   Amplitude: $A = |a|$.

„Entstehungsgeschichte“:
Verschieben mit $d = -\pi$
Strecken mit $b = 2$
Strecken mit $a = \frac{3}{2}$

Beispiel 1

a) Bestimme Amplitude und Periodenlänge der Funktion f: $x \to \frac{3}{2}\sin(2x + \pi)$.

b) Wie kann man sich den Graphen von f aus dem Graphen der Sinusfunktion entstanden denken?

c) Skizziere den Graphen von f schrittweise.

Lösung:

a) $A = |a| = \frac{3}{2}$; $p = \frac{2\pi}{b} = \frac{2\pi}{2} = \pi$

b) Der Graph der Sinusfunktion wurde um π Einheiten nach links verschoben. Die Periodenlänge und damit auch die x-Werte aller Punkte wurden mit $\frac{1}{b} = \frac{1}{2}$ multipliziert. Schließlich wurden alle y-Werte mit $\frac{3}{2}$ multipliziert.

c) vgl. Fig. 1

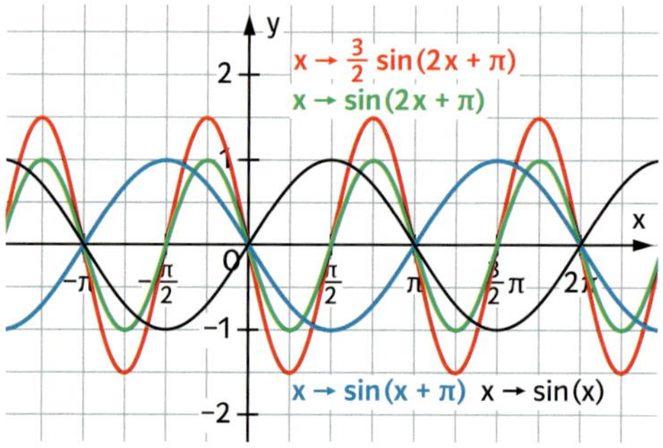

Fig. 1

„Entstehungsgeschichte“:
Verschieben mit $d = \frac{\pi}{3}$
Strecken mit $b = \frac{2}{3}$
Strecken mit $a = \frac{3}{2}$

Beispiel 2

Fig. 2 zeigt den Graphen einer Sinusfunktion der Form $x \to a\sin(b \cdot x - d)$. Bestimme die Werte von a, b und d.

Lösung:

Die Amplitude ist $\frac{3}{2}$. Das bedeutet $a = \frac{3}{2}$.
Die Periodenlänge beträgt $p = 3\pi$.
Aus $p = \frac{2\pi}{b} = 3\pi$ erhält man $b = \frac{2}{3}$.
Der Graph schneidet die x-Achse mit Vorzeichenwechsel von „–“ nach „+“ bei $+\frac{\pi}{2}$.
Dort ist $b \cdot x - d = 0$. Einsetzen von $b = \frac{2}{3}$ und $x = \frac{\pi}{2}$ ergibt $d = \frac{\pi}{3}$.
Damit erhält man: $x \to \frac{3}{2}\sin\left(\frac{2}{3}x - \frac{\pi}{3}\right)$.

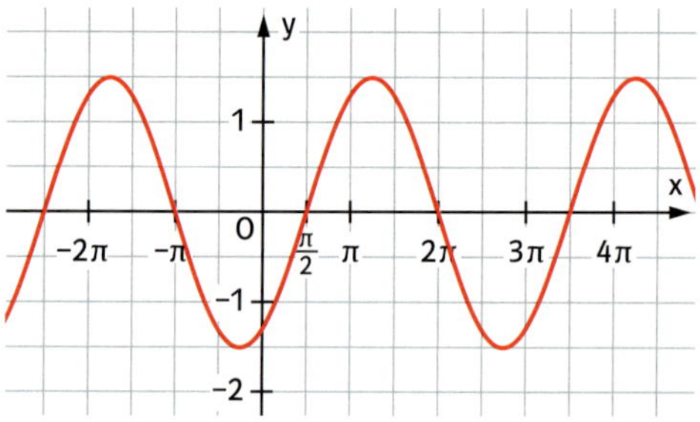

Fig. 2

1 Potenzfunktionen mit ganzzahligen negativen Exponenten

Funktionen wie $f(x) = 3x^{-4}$ oder $g(x) = 2x^{-3}$ sind Potenzfunktionen mit ganzzahligen negativen Exponenten.

Neben der Funktionsgleichung $f(x) = a \cdot x^{-n}$ wird auch die Hyperbelgleichung $y = a \cdot x^{-n}$ verwendet.

Für jede natürliche Zahl $n > 0$ und jedes $a \neq 0$ heißt der Graph der Potenzfunktion $f: x \rightarrow a \cdot x^{-n}$ **Hyperbel n-ter Ordnung**.

x	x^{-2}	x^{-4}	x^{-6}
-3	$\frac{1}{9}$	$\frac{1}{81}$	$\frac{1}{729}$
-2	$\frac{1}{4}$	$\frac{1}{16}$	$\frac{1}{64}$
-1	1	1	1
0	nicht definiert		
1	1	1	1
2	$\frac{1}{4}$	$\frac{1}{16}$	$\frac{1}{64}$
3	$\frac{1}{9}$	$\frac{1}{81}$	$\frac{1}{729}$

x	x^{-1}	x^{-3}	x^{-5}
-3	$-\frac{1}{3}$	$-\frac{1}{27}$	$-\frac{1}{243}$
-2	$-\frac{1}{2}$	$-\frac{1}{8}$	$-\frac{1}{32}$
-1	-1	-1	-1
0	nicht definiert		
1	1	1	1
2	$\frac{1}{2}$	$\frac{1}{8}$	$\frac{1}{32}$
3	$\frac{1}{3}$	$\frac{1}{27}$	$\frac{1}{243}$

Eigenschaften der Potenzfunktionen mit negativen ganzzahligen Exponenten $h: x \rightarrow x^{-n}$

Funktionen $h: x \rightarrow x^{-n}$ mit geradem Exponenten

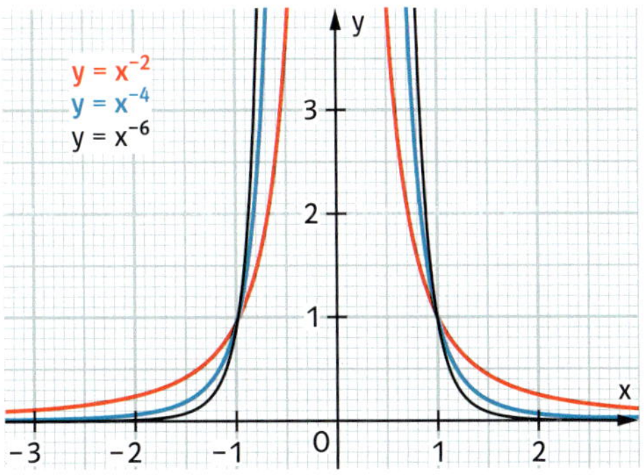

Fig. 1

Funktionen $h: x \rightarrow x^{-n}$ mit ungeradem Exponenten

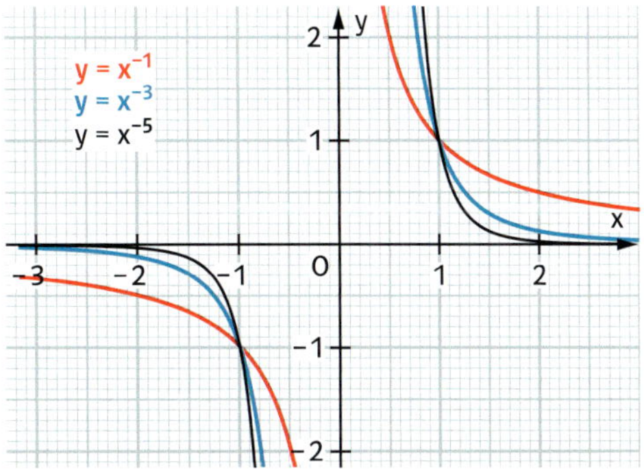

Fig. 2

1. Für alle betrachteten Funktionen ist $h(0)$ nicht definiert. Der Graph von h ist eine Hyperbel, sie besteht aus zwei nicht zusammenhängenden Teilen, den Hyperbelästen.
2. Nähern sich die x-Werte immer mehr der Zahl 0, so werden die Beträge der Funktionswerte beliebig groß. Die Hyperbeläste schmiegen sich jeweils an die y-Achse an.
3. Wird $|x|$ immer größer, so nähert sich $h(x)$ der Zahl 0 immer weiter an. Die Hyperbeläste schmiegen sich jeweils an die x-Achse an.
4. Bei geraden Exponenten sind alle Funktionswerte positiv. Die Funktionswerte zu betragsgleichen x-Werten sind jeweils gleich groß: $h(x) = h(-x)$. Die Graphen sind **achsensymmetrisch** zur y-Achse.
5. Bei ungeraden Exponenten unterscheiden sich die Funktionswerte zu betragsgleichen x-Werten jeweils nur im Vorzeichen: $h(-x) = -h(x)$. Die Graphen sind **punktsymmetrisch** zum Ursprung.

*Eine Gerade, an die sich der Graph einer Funktion anschmiegt, heißt **Asymptote** des Graphen. **asymptiptein** (griech.): nicht zusammenfallen*

Beispiel

a) Zeichne den Graphen von $f: x \rightarrow -2x^{-1}$.
b) Prüfe, ob die Punkte $P(-4\,|\,0{,}5)$ und $Q(5\,|\,1)$ auf dem Graphen von f liegen.

Lösung:

a) *Zeichne mithilfe einer Wertetabelle.*

b) $f(-4) = -2 \cdot (-4)^{-1} = -2 \cdot \frac{1}{-4} = 0{,}5$

$f(5) = -2 \cdot (5)^{-1} = -2 \cdot \frac{1}{5} = -0{,}4 \neq 1$

P liegt auf dem Graphen von f, Q ist kein Punkt des Graphen von f.

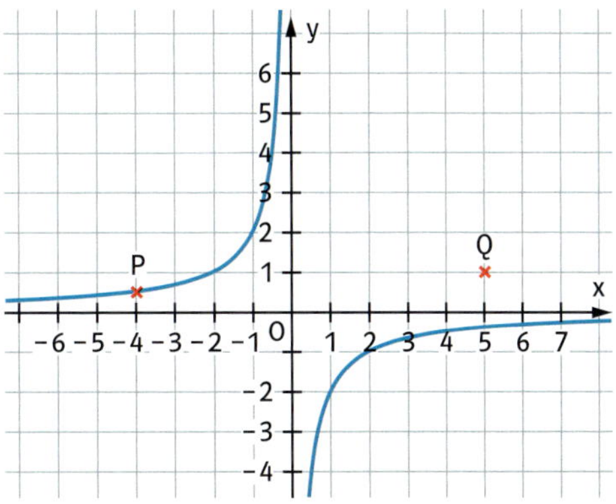

x	$f(x) = -2x^{-1}$
-4	0,5
-3	$\frac{2}{3}$
-2	1
-1	2
-0,5	4
0,5	-4
1	-2
2	-1
3	$-\frac{2}{3}$
4	-0,5

2 Potenzfunktionen mit ganzrationalen Exponenten – Umkehrfunktion

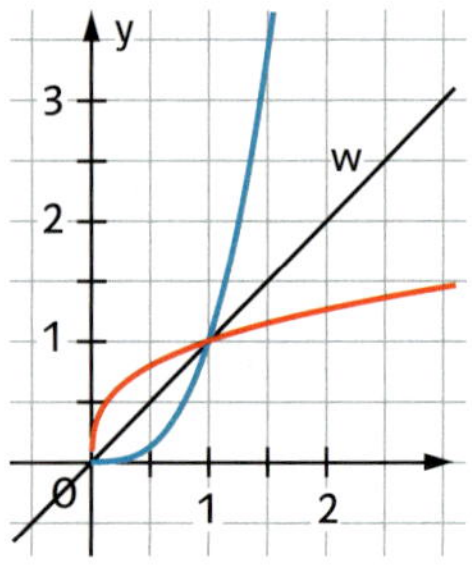

Fig. 1

Das Volumen eines Würfels wird bei gegebener Kantenlänge mithilfe der Funktionsgleichung $V(k) = k^3$ berechnet. Umgekehrt kann man bei einem Würfel zu jedem Volumen V die zugehörige Kantenlänge k berechnen. Die Gleichung der Zuordnung $V \to k$ lässt sich in Wurzel- oder Potenzschreibweise angeben: $k(V) = \sqrt[3]{V} = V^{\frac{1}{3}}$. Diese Zuordnung $V \to k$ ist die **Umkehrzuordnung** der Funktion $k \to V$.

Die Umkehrung der Zuordnungsrichtung bewirkt einen Tausch der Koordinaten jedes Punktes des Graphen. Die Graphen von Funktion und Umkehrzuordnung liegen daher spiegelbildlich zur Winkelhalbierenden w (siehe Fig. 1).

Beschränkung schafft auch für die Umkehrung eindeutige Verhältnisse.

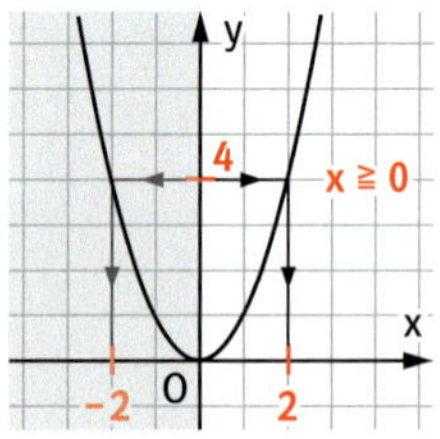

Fig. 2

Nicht jede Umkehrzuordnung ist wieder eine Funktion. Eine Potenzfunktion $x \to x^n$ mit geradem Exponenten n ordnet a und $-a$ die Zahl a^n zu. Beispielsweise ordnet die Umkehrzuordnung von $x \to x^2$ der Zahl 4 die Zahlen 2 und -2 zu. Die Umkehrzuordnung ist also keine Funktion.
Betrachtet man bei $f: x \to x^2$ nur positive x-Werte, so ist auch die Umkehrung von f eine Funktion (Fig. 2).

Man erhält die Gleichung zur Umkehrfunktion g zu einer gegebenen Funktion f mit $y = f(x)$, indem man die Variablen x und y vertauscht und die entstehende Gleichung nach y auflöst. Auf diesem Weg lassen sich auch zu Potenzfunktionen mit rationalen Exponenten Umkehrfunktionen finden.

Ist die Umkehrzuordnung einer Funktion f wieder eine Funktion, so ist die Funktion f **umkehrbar**. Ihre Umkehrzuordnung heißt **Umkehrfunktion $\bar{f}$**.
Die Graphen von f und $\bar{f}$ liegen symmetrisch zur ersten Winkelhalbierenden.
Jede auf $x \geqq 0$ beschränkte Potenzfunktion $f: x \to x^n$ $(n \in \mathbb{N}, n \neq 0)$ ist umkehrbar.
Ihre Umkehrfunktion ist die **Wurzelfunktion** $\bar{f}: x \to x^{\frac{1}{n}}$ bzw. $x \to \sqrt[n]{x}$ $(x \geqq 0)$.
Jede auf $x > 0$ beschränkte Potenzfunktion $f: x \to a \cdot x^q$ $(a > 0;\ q \in \mathbb{Q}, q \neq 0)$ ist umkehrbar. Die Umkehrfunktion ist $\bar{f}: x \to \left(\frac{x}{a}\right)^{\frac{1}{q}}$.

Beispiel Bestimmen der Umkehrfunktion
a) Bestimme zur Funktion $f: x \to \frac{1}{8}x^3$ $(x \geqq 0)$ die Gleichung der Umkehrfunktion $\bar{f}$. Zeichne die Graphen von f und $\bar{f}$ mit dem GTR.
b) In welchen Punkten schneiden sich die Graphen von f und $\bar{f}$?
Lösung:

Die Schnittstelle zweier Funktionsgraphen kann mithilfe der INTERSECTION-Funktion des GTR näherungsweise bestimmt werden.

a) $y = \frac{1}{8}x^3$ *Gleichung von f angeben*
$x = \frac{1}{8}y^3$ *Variablen x, y tauschen*
$8x = y^3 \mid ()^{\frac{1}{3}}$ *nach y auflösen*
$(8x)^{\frac{1}{3}} = y$, also $y = 2x^{\frac{1}{3}} = 2\sqrt[3]{x}$

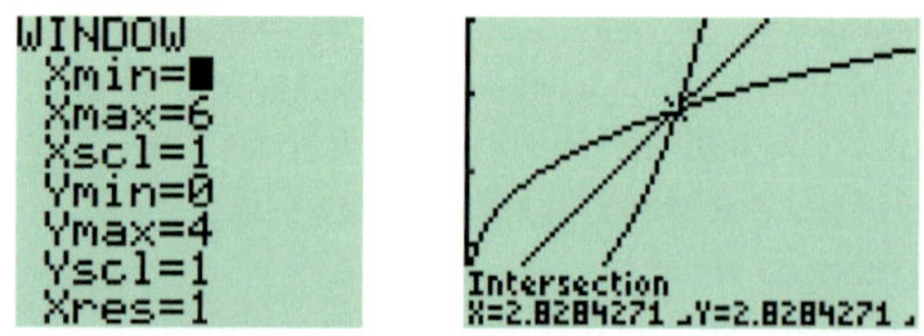

Fig. 3

b) Die Schnittpunkte der Graphen von f und $\bar{f}$ sind Fixpunkte bei der Spiegelung an der Geraden mit der Gleichung $y = x$.
Folglich ist $\frac{1}{8}x^3 = x$, also $x^3 = 8x$ oder $x^3 - 8x = x(x^2 - 8) = 0$.
Die Lösungen dieser Gleichung sind 0, $\sqrt{8}$ und $-\sqrt{8}$. Die gesuchten Schnittpunkte liegen bei $(0 \mid 0)$ und $\left(\sqrt{8} \mid \sqrt{8}\right)$.

3 Exponentialfunktionen

Gilt bei einem Bestand B für jeden Zeitschritt die rekursive Darstellung $B(n) = a \cdot B(n-1)$ bzw. die explizite Darstellung $B(n) = B(0) \cdot a^n$ mit einer festen Zahl a, so spricht man von exponentiellem Wachstum. Lässt man bei der Berechnung nicht nur natürliche Zahlen, sondern beliebige reelle Zahlen zu, so führt dies auf die Exponentialfunktion f mit $f(x) = B(0) \cdot a^x$.

Eine Funktion f mit $f(x) = c \cdot a^x$; $a > 0$; $a \neq 1$; heißt **Exponentialfunktion**.
Wird eine Exponentialfunktion zur Beschreibung eines Wachstums verwendet, dann handelt es sich für $a > 1$ um exponentielles Wachstum und für $a < 1$ um exponentiellen Zerfall. Der Faktor c entspricht dem Anfangsbestand $f(0)$ zum Zeitpunkt $x = 0$.

Eigenschaften von Exponentialfunktionen des Typs $f(x) = c \cdot a^x$; $c > 0$:
- Solche Exponentialfunktionen besitzen keine Nullstellen. Ihr Graph verläuft immer oberhalb der x-Achse.
- Alle Graphen gehen durch $A(0 | c)$.
- Die x-Achse ist waagerechte Asymptote des Graphen von f, denn
  - für $a < 1$ und $x \to \infty$ gilt: $a^x \to 0$,
  - für $a > 1$ und $x \to -\infty$ gilt: $a^x \to 0$.

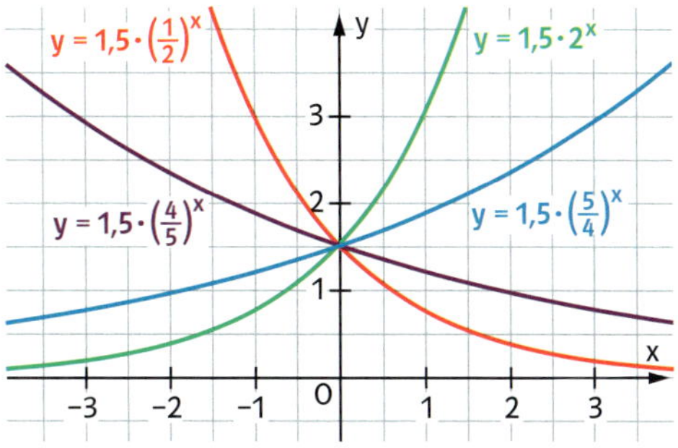

Fig. 1

Beispiel 1 Funktionsgleichung bestimmen
Zwischen 2002 und 2006 hat sich die Zahl der DSL-Anschlüsse näherungsweise exponentiell entwickelt. 2003 gab es 4,7 Millionen Zugänge, zwei Jahre später doppelt so viele.
a) Bestimme die jährliche prozentuale Zunahme.
b) Wie viele Anschlüsse gab es mit diesem Modell im Jahre 2002?
Lösung:
a) Ansatz: $A(t) = 4{,}7 \cdot a^t$ (A in Mio., t in Jahren);
Einsetzen der Information: $A(2) = 4{,}7 \cdot a^2 = 9{,}4$. Es ergibt sich $a^2 = 2$ und damit $a \approx 1{,}41$.
Die Zahl der DSL-Zugänge wächst jährlich um ca. 41%.
b) $A(t) = 4{,}7 \cdot 1{,}41^t$. $A(-1) = 4{,}7 \cdot 1{,}41^{-1} \approx 3{,}3$.
Im Jahr 2002 gab es ungefähr 3,3 Millionen DSL-Anschlüsse.

$a = 1 + p$

$p = 41\%$
$a = 1{,}41$

Beispiel 2 Gleichung lösen
Die Konzentration eines Medikaments im Blut eines Patienten sinkt von anfänglich 10 mg pro Liter stündlich um 4%. Wann ist die Konzentration auf 1 mg/l gesunken?
Lösung:
Für die Wirkstoffkonzentration k in mg/l nach t Stunden gilt: $k(t) = 10 \cdot 0{,}96^t$.
Gesucht ist diejenige Zahl t, für die gilt: $k(t) = 1$.

$$10 \cdot 0{,}96^t = 1 \quad | :10$$
$$0{,}96^t = 0{,}1 \quad | \log$$
$$t = \frac{\log(0{,}1)}{\log(0{,}96)} \approx 56{,}4$$

Nach etwa zwei Tagen und acht Stunden sinkt die Wirkstoffkonzentration unter 1 mg/l.

$a = 1 + p$
$p = -4\%$
$a = 0{,}96$

Erinnerung:
$a^t = b$
$t = \log_a(b)$
$t = \frac{\log(b)}{\log(a)}$
log: Logarithmus zur Basis 10

4 Logarithmusfunktionen

Die **Logarithmusfunktion** $x \to \log_a(x)$ $(a > 0,\ a \neq 1)$ ist die Umkehrfunktion der Exponentialfunktion $x \to a^x$. Sie ist nur für positive x-Werte definiert.

Eigenschaften der Logarithmusfunktion:

Für $a > 1$ gilt:
- Die Funktionswerte nehmen zu, wenn x größer wird. Die Funktion ist **zunehmend**.
- Der Graph verläuft für $x > 1$ über der x-Achse, für $0 < x < 1$ unter der x-Achse.
- Für $x \to \infty$ gilt: $\log_a(x) \to \infty$, für $x \to 0$ gilt: $\log_a(x) \to -\infty$.

Für $0 < a < 1$ gilt:
- Die Funktionswerte nehmen ab, wenn x größer wird. Die Funktion ist **abnehmend**.
- Für $x > 1$ sind die Funktionswerte negativ, für $0 < x < 1$ sind sie positiv.
- Für $x \to \infty$ gilt: $\log_a(x) \to -\infty$, für $x \to 0$ gilt: $\log_a(x) \to \infty$.

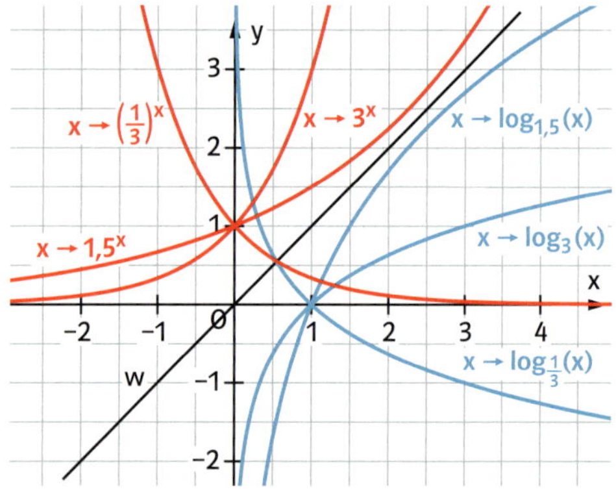

Fig. 1

$\log_{\frac{1}{a}}(x) = \frac{\log_a(x)}{\log_a\left(\frac{1}{a}\right)}$
$= \frac{\log_a(x)}{-\log_a(a)} = \frac{\log_a(x)}{-1}$
$= -\log_a(x)$

Für beliebige Werte von a $(a \neq 0,\ a \neq 1)$ gilt:
- Alle Graphen von f mit $f(x) = \log_a(x)$ verlaufen durch den Punkt $P(1|0)$.
- Spiegelt man den Graphen von f mit $f(x) = \log_a(x)$ an der x-Achse, so erhält man den Graphen von g mit $g(x) = -\log_a(x) = \log_{\frac{1}{a}}(x)$ (Fig. 1).

Beispiel

a) Zeichne den Graphen der Funktion f mit $f(x) = \log_2(x)$ und verschiebe ihn um drei Einheiten nach oben. Gib die Gleichung der Funktion g an, die zum verschobenen Graphen gehört.

b) Zeichne den Graphen von h mit $h(x) = \log_2(8x)$ in ein neues Koordinatensystem. Vergleiche mit dem Graphen von g und begründe das Ergebnis.

c) Zeige: $k(x) = \log_3\left(\frac{1}{3}x\right)$ und $t(x) = \log_3(x) - 1$ sind Gleichungen derselben Funktion.

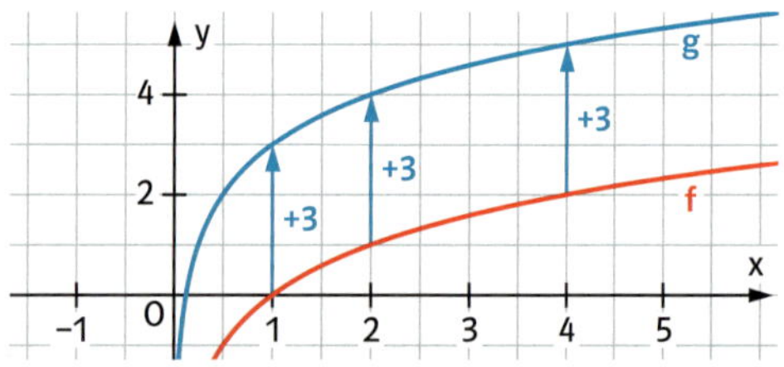

Fig. 2

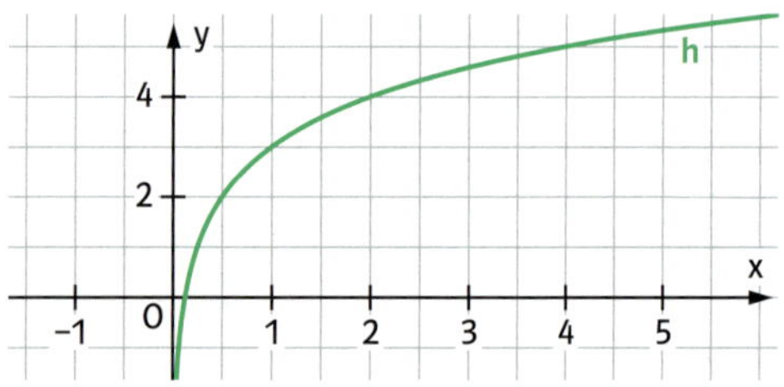

Fig. 3

Lösung:

a) siehe Fig. 2; $g(x) = \log_2(x) + 3$

b) Die Graphen sind identisch (siehe Fig. 3).
Begründung: Es ist $g(x) = \log_2(x) + 3$. Wegen $\log_2(8x) = \log_2(8) + \log_2(x) = 3 + \log_2(x)$ stimmen die beiden Funktionsterme überein und damit auch die zugehörigen Graphen.

c) $\log_3\left(\frac{1}{3}x\right) = \log_3\left(\frac{1}{3}\right) + \log_3(x) = -1 + \log_3(x)$. Die Funktionsterme von k und t sind äquivalent. Deshalb sind $k(x) = \log_3\left(\frac{1}{3}x\right)$ und $t(x) = \log_3(x) - 1$ Gleichungen derselben Funktion.

1 Modellieren von Wachstumsvorgängen

Wachstumsvorgänge können je nach Art des Wachstums mit verschiedenen **mathematischen Modellen** beschrieben werden.

Viele Wachstumsvorgänge können beschrieben werden

als lineares Wachstum mit der Funktionsgleichung $f(x) = m \cdot x + c$, wobei m die Änderung pro Zeitschritt **(Wachstumsrate)** und c der **Anfangswert** zum Zeitpunkt $x = 0$ ist.
Man spricht auch von linearem Wachstum, wenn $m < 0$ ist. In diesem Fall nimmt der Bestand linear ab.

als exponentielles Wachstum mit der Funktionsgleichung $f(x) = c \cdot a^x$, wobei a die Änderung pro Zeitschritt **(Wachstumsfaktor)** und c der **Anfangswert** bei $x = 0$ ist.
Wenn $0 < a < 1$ ist, spricht man von exponentieller Abnahme bzw. exponentiellem Zerfall.

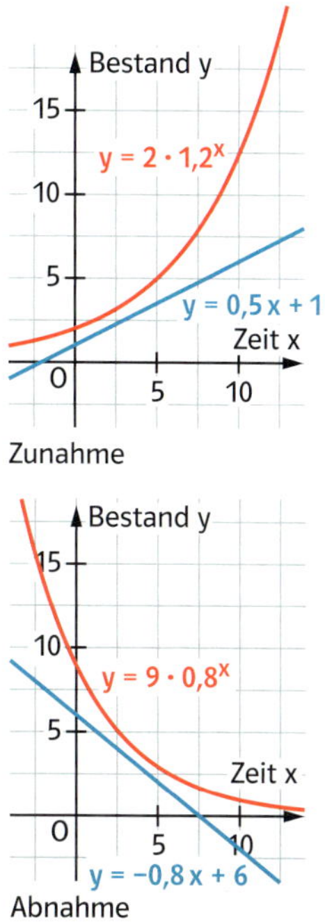

Fig. 1

In manchen Fällen geht aus den Voraussetzungen nicht direkt hervor, welche Wachstumsform vorliegt. In solchen Situationen stellt man mithilfe ausgewählter Datenpunkte die Funktionsgleichungen sowohl für eine lineare Funktion f mit $f(x) = m \cdot x + c$ als auch für eine exponentielle Funktion f mit $f(x) = c \cdot a^x$ auf. Durch Vergleich der Originaldaten mit den jeweiligen Funktionswerten kann man beurteilen, welches Wachstumsmodell besser passt.

Auch mithilfe des GTR können Ausgleichskurven bestimmt werden. Dazu werden die Daten unter STAT und EDIT in Listen eingegeben. Unter STAT und CALC wird anschließend für eine lineare Regression LinReg(ax+b) und für eine exponentielle Regression ExpReg gewählt (Fig. 2).

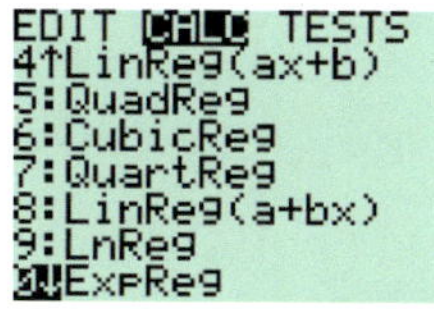

Fig. 2

Beispiel Festgelegtes Wachstumsmodell
Ein Kapital von 15 000 € wird auf einer Bank mit einem festen Zinssatz von jährlich 3,3 % angelegt.
a) Auf wie viel Euro ist das Kapital nach Ablauf von vier Jahren angewachsen?
b) Zu welchem Zeitpunkt ist das Kapital auf 18 000 € angewachsen?
Lösung:
a) Da das Kapital jährlich um 3,3 % anwächst, liegt exponentielles Wachstum vor.
Ansatz: $f(x) = c \cdot a^x$
Wachstumsfaktor: $a = 1 + 0{,}033 = 1{,}033$
Anfangswert: $c = 15\,000$
Funktionsgleichung: $f(x) = 15\,000 \cdot 1{,}033^x$
Nach vier Jahren beträgt das Kapital 17 080,18 €, denn es gilt:
$f(4) = 15\,000 \cdot 1{,}033^4 \approx 17\,080{,}184$.

$p = 3{,}3\,\% = 0{,}033$
$a = 1 + p$

b) Um zu bestimmen, wann das Kapital auf 18 000 € gewachsen ist, muss man die Gleichung $15\,000 \cdot 1{,}033^x = 18\,000$ lösen.

$15\,000 \cdot 1{,}033^x = 18\,000 \quad |:15\,000$

$1{,}033^x = 1{,}2 \quad |$ Logarithmieren

$x = \log_{1{,}033}(1{,}2) = \frac{\log(1{,}2)}{\log(1{,}033)} \approx 5{,}62.$

Man muss sechs Jahre warten, wenn man sich das Geld am Jahresende auszahlen lässt.

2 Modellieren von periodischen Vorgängen

Mithilfe von Sinusfunktionen der Form $f(x) = a\sin(bx - d) + e$ lässt sich eine Vielzahl periodischer Vorgänge beschreiben. Zum Aufstellen der Funktionsgleichung ist es hilfreich, wenn das Maximum y_{max} und das Minimum y_{min} der zu beschreibenden Funktion bekannt sind. Dann lassen sich die Parameter a, b, d und e bestimmen:
- Das arithmetische Mittel der Extremwerte y_{max} und y_{min} gibt an, wie weit die Sinuskurve in y-Richtung verschoben ist. Es gilt: $e = \frac{y_{max} + y_{min}}{2}$.
- Aus der Periode p des Vorgangs erhält man $b = \frac{2\pi}{p}$.
- Zur Bestimmung des Parameters d kann man die Stelle betrachten, an der das arithmetische Mittel der Extremwerte angenommen wird, bevor ein Maximum folgt, sodass $f\left(\frac{d}{b}\right) = e$ ist.
- Die Amplitude a ergibt sich, wenn man die Differenz der Extremwerte halbiert, das heißt $a = \frac{y_{max} - y_{min}}{2}$.

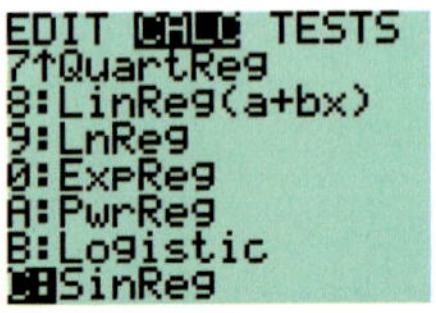

Fig. 1

Um mithilfe des GTR eine Ausgleichskurve zu finden, verwendet man den Befehl SinReg, den man unter STAT im Untermenü CALC findet (Fig. 1). Der Einsatz des Befehls SinReg erfordert außer den Werten der Datenreihe, die unter STAT im Menü EDIT als Listen eingegeben werden, die Eingabe der Periode. Die Kenntnis der Extremwerte y_{min} und y_{max} ist nicht erforderlich.

Beispiel Diagrammdaten durch Sinusregression ergänzen

Bei dem Diagramm zu den mittleren Monatstemperaturen fehlt der Zeitraum von September bis Dezember. Entwickle eine Sinusfunktion s, mit deren Hilfe sich das Diagramm vervollständigen lässt. Berechne Näherungswerte für die Temperaturen der fehlenden Monate.

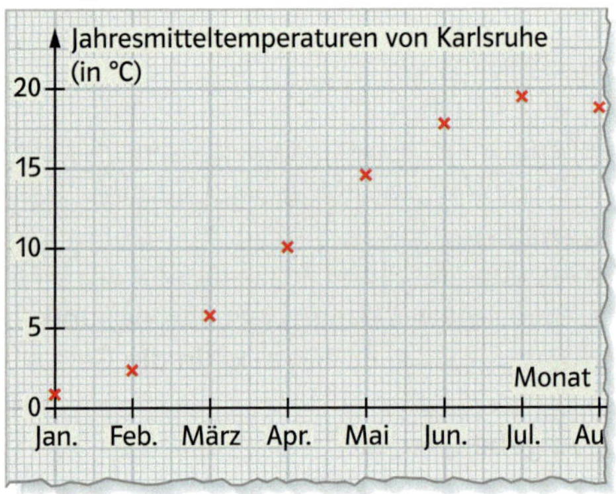

Lösung:

Die mittleren Monatstemperaturen treten im Laufe der Jahre regelmäßig wieder auf, sodass von einem periodischen Vorgang mit der Periode 1 Jahr ausgegangen werden kann. Die Zeit wird in Monaten gerechnet; dabei wird dem Monat Januar der x-Wert 1 zugeordnet, dem Monat Februar der x-Wert 2 usw.

Die Werte sind nur Näherungen, weil der angenommene Sinusverlauf Abweichungen, zum Beispiel durch jährlich wiederkehrende Kalt- oder Warmfronten, nicht berücksichtigt.

Temperaturminimum von etwa 1 °C im Januar, also $y_{min} = s(1) = 1$
Temperaturmaximum von etwa 19 °C im Juli, also $y_{max} = s(7) = 19$
Die mittlere Temperatur von $\frac{1\,°C + 19\,°C}{2}$ wird im April erreicht. Also ist $s(4) = 10$.
Die Periode ist 12 Monate lang. Aus $p = 12$ folgt $b = \frac{2\pi}{12} = \frac{\pi}{6}$. Der Parameter d ergibt sich zu $d = b \cdot 4 = \frac{2}{3}\pi$, die Verschiebung in y-Richtung ist $e = 10$.
Für die Amplitude $a = \frac{19 - 1}{2} = 9$. Funktionsgleichung: $s(x) = 9\sin\left(\frac{\pi}{6}x - \frac{2}{3}\pi\right) + 10$
Berechnung der fehlenden Temperaturen: $s(9) \approx 14{,}5$; $s(10) \approx 10{,}0$; $s(11) \approx 5{,}5$; $s(12) \approx 2{,}2$
Die mittleren Monatstemperaturen für September bis Dezember sind etwa 14,5 °C, 10,0 °C, 5,5 °C und 2,2 °C.

1 Lineare und quadratische Funktionen – Tangente

Wenn eine Gerade und eine Parabel nur einen gemeinsamen Punkt (Berührpunkt) haben, nennt man diese Gerade eine **Tangente** an die Parabel. Die zugehörige Funktionsgleichung heißt Tangentengleichung (Fig. 1).

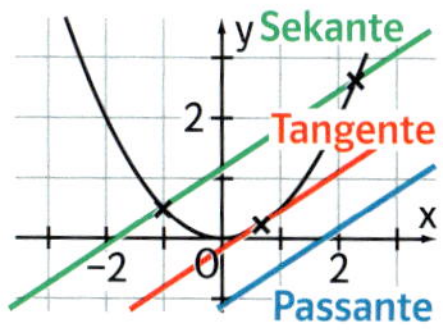

Fig. 1

Wenn eine Tangente an eine Parabel mit der Funktionsgleichung $f(x) = a \cdot x^2$ die Steigung m besitzt, berührt sie die Parabel im Punkt $P\left(\frac{m}{2 \cdot a} \middle| \frac{m^2}{4 \cdot a}\right)$. P heißt **Berührpunkt**.
Wenn umgekehrt ein Parabelpunkt $P(x_1 | y_1)$ von f mit $f(x) = a \cdot x^2$ bekannt ist, erhält man für die Tangente an P die Steigung $m = 2 \cdot a \cdot x_1$ und die **Tangentengleichung** $g(x) = m \cdot x + n = (2 \cdot a \cdot x_1) \cdot x - y_1$.

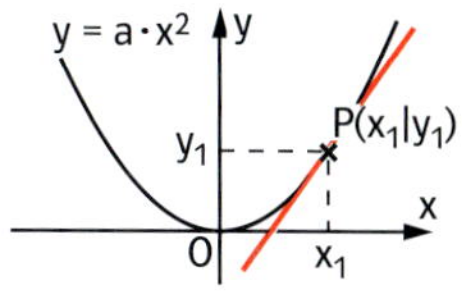

Die Aussagen lassen sich leicht beweisen.

Berührpunkt bestimmen

1. Gleichsetzen der Funktionsterme: $a \cdot x^2 = m \cdot x + n$
2. Umformen in die Normalform: $x^2 - \frac{m}{a}x - \frac{n}{a} = 0$, mit $a \neq 0$
3. Lösen der Gleichung mit der pq-Formel mit $p = -\frac{m}{a}$ und $q = -\frac{n}{a}$: $x_{1/2} = \frac{m}{2 \cdot a} \pm \sqrt{\left(\frac{m}{2 \cdot a}\right)^2 + \frac{n}{a}}$
4. Da die Gerade eine Tangente ist, haben die Parabel und die Gerade nur einen gemeinsamen Punkt. Wähle n so, dass die quadratische Gleichung nur eine Lösung hat: Es ist $\sqrt{\left(\frac{m}{2 \cdot a}\right)^2 + \frac{n}{a}} = 0$. Es folgt: $x_1 = \frac{m}{2 \cdot a}$. $y_1 = a \cdot x_1^2 = a \cdot \left(\frac{m}{2 \cdot a}\right)^2 = \frac{m^2}{4 \cdot a}$.
5. Angeben der Koordinaten von P: Also $P\left(\frac{m}{2 \cdot a} \middle| \frac{m^2}{4 \cdot a}\right)$.

Zur Erinnerung: Bei der Normalform steht vor dem x^2 der Faktor 1.

$x^2 + px + q = 0$ besitzt die beiden Lösungen $x_{1/2} = -\frac{p}{2} \pm \sqrt{\left(\frac{p}{2}\right)^2 - q}$

Tangentengleichung aufstellen

Um die Tangentengleichung aufzustellen, kann man mithilfe des Berührpunktes P die Steigung m und den y-Achsenabschnitt n bestimmen.

1. Ermitteln der Steigung mithilfe der Gleichung $x_1 = \frac{m}{2 \cdot a}$: $x_1 = \frac{m}{2 \cdot a}$, also $m = 2 \cdot a \cdot x_1$
2. Bestimmen von n durch Einsetzen der Koordinaten des Punktes $P(x_1 | y_1)$ und der Steigung $m = 2 \cdot a \cdot x_1$ in die Geradengleichung: $g(x) = mx + n$. Mit $P(x_1 | y_1)$ und $m = 2 \cdot a \cdot x_1$ ist: $y_1 = 2 \cdot a \cdot x_1 \cdot x_1 + n$, also $n = y_1 - 2 \cdot a \cdot x_1^2 = y_1 - 2 \cdot y_1 = -y_1$, da $y_1 = a \cdot x_1^2$.
3. Angeben der Tangentengleichung: $g(x) = 2 \cdot a \cdot x_1 \cdot x - y_1$.

Wenn man den Berührpunkt P und die Steigung m kennt, kann man direkt den y-Achsenabschnitt n bestimmen.

Beispiel Berührpunkt und Tangentengleichung bestimmen.
a) Eine Tangente an die Parabel von f mit $f(x) = 3x^2$ hat die Steigung $m = 2$. Bestimme den Punkt P, in dem die Tangente die Parabel berührt.
b) Stelle die Gleichung für die Tangente an die Parabel von f mit $f(x) = 3x^2$ in $P(3 | 27)$ auf.
Lösung:
a) Mithilfe der Formel für die Koordinaten des Punktes P erhält man:
Es sind $a = 3$ und $m = 2$.
$P\left(\frac{m}{2 \cdot a} \middle| \frac{m^2}{4 \cdot a}\right)$, also $P\left(\frac{2}{2 \cdot 3} \middle| \frac{2^2}{4 \cdot 3}\right)$ bzw. der Berührpunkt heißt $P\left(\frac{1}{3} \middle| \frac{1}{3}\right)$.
b) Den Angaben entnimmt man die relevanten Daten: $a = 3$; $x_1 = 3$ und $y_1 = 27$.
Mithilfe der Formel für die Steigung der Tangente erhält man $m = 2 \cdot a \cdot x_1 = 2 \cdot 3 \cdot 3 = 18$.
Ferner ist $n = -y_1 = -27$. Demnach lautet die Tangentengleichung $y = 18x - 27$.

2 Mittlere Änderungsrate – Differenzenquotient

Bei einem Experiment wurde die Temperatur einer Flüssigkeit zu verschiedenen Zeitpunkten gemessen. Die Tabelle und der Graph zeigen die Messergebnisse.
Aus der Tabelle kann man ablesen, dass die Temperatur nach 30 Minuten 13 °C betrug. Die mittlere Änderung der Temperatur pro Minute in den darauffolgenden 20 Minuten lässt sich berechnen durch:

$$\frac{T(30+20)-T(30)}{20\,\text{min}} = \frac{38\,°\text{C} - 13\,°\text{C}}{20\,\text{min}} = \frac{25\,°\text{C}}{20\,\text{min}} = 1{,}25\,\frac{°\text{C}}{\text{min}}.$$

t (in min)	0	10	20	30	35	50	60
T (in °C)	10	5	5	13	20	38	30

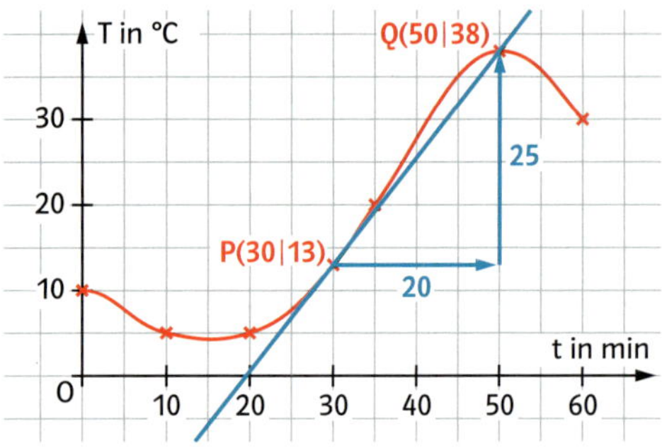

Falls $h < 0$ gibt der Differenzenquotient die Änderungsrate auf $[x_0 + h;\, x_0]$ an.

Ist eine Funktion auf einem Intervall $[x_0;\, x_0 + h]$ definiert, dann kann man mit dem **Differenzenquotienten** $\frac{f(x_0+h) - f(x_0)}{h}$ die **Steigung der Sekante** durch die Punkte $P(x_0 \,|\, f(x_0))$ und $Q(x_0 + h \,|\, f(x_0 + h))$ berechnen. Diese entspricht bei Anwendungen der **mittleren Änderungsrate** in dem Intervall $[x_0;\, x_0 + h]$.

Beispiel 1 Bestimmung der mittleren Änderungsrate
Die Abnahme des Luftdrucks p mit zunehmender Höhe kann nach der „barometrischen Höhenformel“ $p(H) = 1013 \cdot 0{,}88^H$ (H in km, p in hPa) bestimmt werden.
Bestimme die mittlere Änderungsrate im Intervall [0; 5].

hPa: Hektopascal

Lösung:
Für das Intervall [0; 5] erhält man die mittlere Änderungsrate $\left(\text{in } \frac{\text{hPa}}{\text{km}}\right)$

$$\frac{p(5) - p(0)}{5} = \frac{1013 \cdot 0{,}88^5 - 1013 \cdot 0{,}88^0}{5} \approx -95{,}68.$$

Der Luftdruck nimmt im Mittel um 95,68 hPa pro km ab.

Beispiel 2 Rechnerische Bestimmung des Differenzenquotienten
Bestimme für die Funktion f mit $f(x) = x^2$ den Differenzenquotienten im Intervall [7; 9].
Lösung:

$$\frac{f(9) - f(7)}{9 - 7} = \frac{9^2 - 7^2}{2} = \frac{81 - 49}{2} = 16$$

Beispiel 3 Bestimmung des Differenzenquotienten mithilfe des Graphen
Bestimme geometrisch den Differenzenquotienten der Funktion f im Intervall [2; 7].

Häufig ist die Bestimmung des Differenzenquotienten mithilfe des Graphen nur näherungsweise möglich.

Lösung:
Man zeichnet eine Gerade g durch die beiden Punkte $P(2\,|\,f(2))$ und $Q(7\,|\,f(7))$. Die Steigung von g entspricht dem Differenzenquotienten im Intervall [2; 7].
Differenzenquotient: $\frac{f(7) - f(2)}{5} = \frac{6{,}5 - 4}{5} = 0{,}5.$

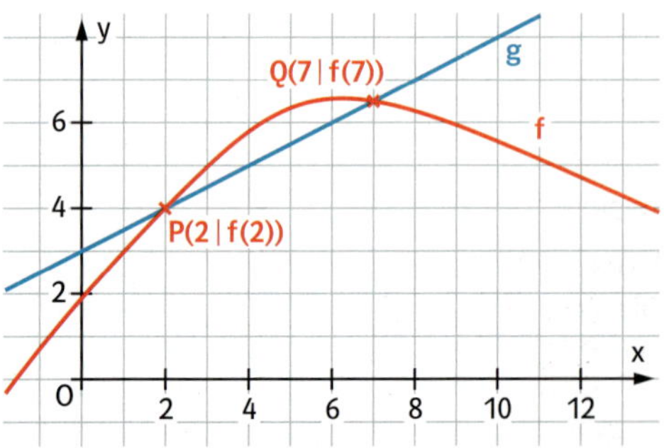

3 Momentane Änderungsrate – Ableitung

Wenn der Differenzenquotient $\frac{f(x_0 + h) - f(x_0)}{h}$ für $h \to 0$ einen Grenzwert besitzt, dann heißt dieser **Ableitung von f an der Stelle x_0**. Man schreibt dafür **$f'(x_0)$** und liest „f Strich an der Stelle x_0".

Die Ableitung an der Stelle x_0 entspricht der Steigung der **Tangente** an den Graphen im Punkt $P(x_0 | f(x_0))$. Diese entspricht bei Anwendungen der **momentanen Änderungsrate** der Funktion f an der Stelle x_0. Der Punkt P wird **Berührpunkt** genannt.

Die Sekanten nähern sich der Tangente.

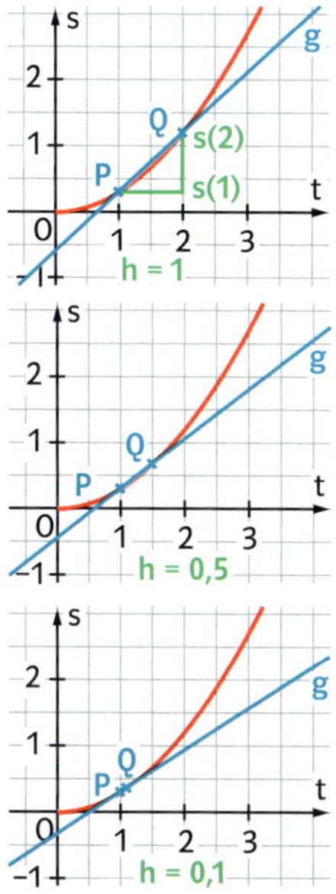

Fig. 1

Die Ableitung einer Funktion an einer Stelle x_0 berechnet man so:
- Man stellt einen Term für den Differenzenquotienten auf.
- Der Differenzenquotient wird so umgeformt, dass h im Nenner wegfällt oder dass der Nenner für $h \to 0$ gegen einen von null verschiedenen Wert strebt.
- Der umgeformte Term wird für $h \to 0$ untersucht.

Möchte man beim Graphen einer Funktion f die Tangente im Punkt $P(x_0 | f(x_0))$ bestimmen, geht man so vor:
- Man wählt für die Tangentengleichung den Ansatz $y = mx + n$.
- Man bestimmt $f'(x_0)$. Es gilt: $m = f'(x_0)$.
- Man setzt die Koordinaten von P und $f'(x_0)$ in den Ansatz ein und erhält n.

Die Tangente lässt sich mit dem GTR bestimmen, indem man den Graphen mit dem GTR skizziert und anschließend den Befehlt Tangent(und die Stelle x_0 eingibt (Fig. 2).

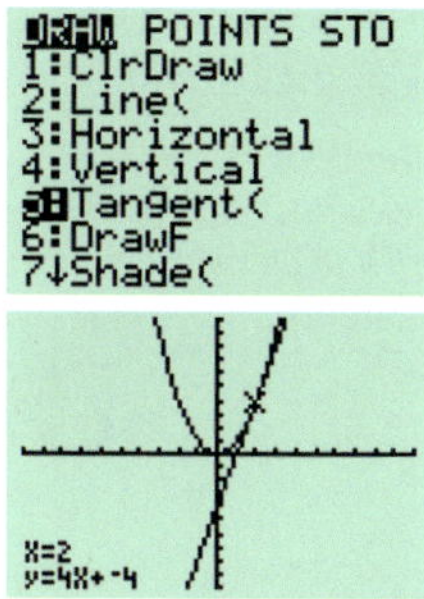

Fig. 2

Beispiel Ableitung berechnen – Tangentengleichung bestimmen

a) Berechne die Ableitung der Funktion f mit $f(x) = \frac{1}{x}$ an der Stelle $x_0 = 2$.

b) Bestimme die Gleichung der Tangente an den Graphen von f durch den Punkt $P(2 | f(2))$. Überprüfe das Ergebnis mit dem GTR.

Lösung:

a) $\frac{f(2+h) - f(2)}{h} = \frac{\frac{1}{2+h} - \frac{1}{2}}{h} = \left(\frac{1}{2+h} - \frac{1}{2}\right) \cdot \frac{1}{h}$ *1. Schritt: Term für den Differenzenquotienten aufstellen.*

$= \left(\frac{2}{(2+h)\cdot 2} - \frac{(2+h)}{(2+h)\cdot 2}\right) \cdot \frac{1}{h}$ *2. Schritt: Differenzenquotienten umformen.*

$= \frac{2-(2+h)}{(2+h)\cdot 2} \cdot \frac{1}{h} = \frac{2-2-h}{(2+h)\cdot 2} \cdot \frac{1}{h}$

$= \frac{-h}{(2+h)\cdot 2} \cdot \frac{1}{h}$

$= \frac{-1}{(2+h)\cdot 2} \to -\frac{1}{4}$ für $h \to 0$ *3. Schritt: Grenzwert für $h \to 0$ bestimmen.*

Durch h im Nenner wird dividiert, indem mit $\frac{1}{h}$ multipliziert.

Man erhält für die Ableitung: $f'(2) = -\frac{1}{4}$.

b) $P(2 | f(2)) = P\left(2 \middle| \frac{1}{2}\right)$ liegt auf der Tangente, Steigung der Tangente: $-\frac{1}{4}$.

Ansatz: $y = -\frac{1}{4}x + c$

Einsetzen der Koordinaten von P: $\frac{1}{2} = -\frac{1}{4} \cdot 2 + c$. Man erhält $c = 1$.

Die Tangente durch den Punkt $P(2 | f(2))$ hat die Gleichung: $y = -\frac{1}{4}x + 1$.

Der GTR liefert bis auf Rundung dasselbe Ergebnis (Fig. 3).

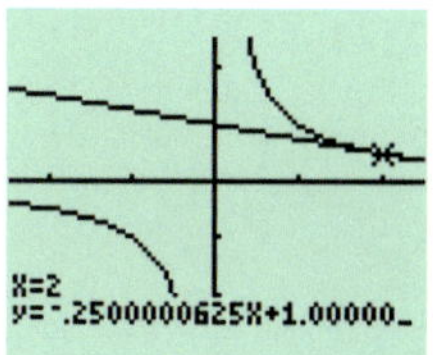

Fig. 3

4 Ableitungsfunktion

Ist eine Funktion f für alle $x \in D_f$ differenzierbar, d. h., es existiert die Ableitung für alle $x \in D_f$, so heißt die Funktion, die jeder Stelle x der Definitionsmenge die Ableitung f′(x) an dieser Stelle zuordnet, die **Ableitungsfunktion** f′ oder Ableitung von f.

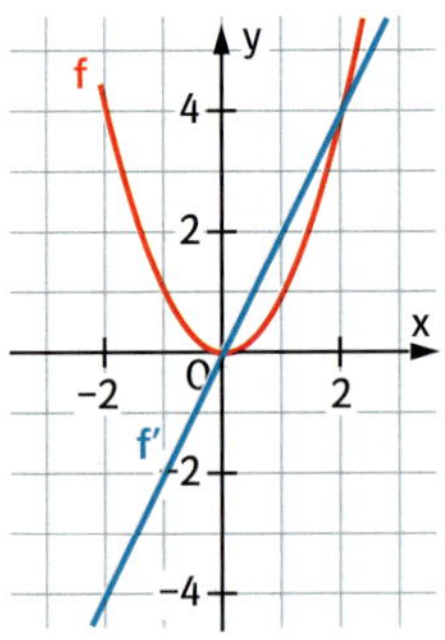

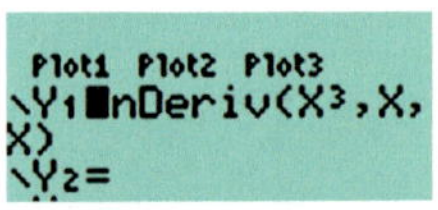

Der Graph einer Ableitungsfunktion lässt sich auch mit dem GTR erstellen.

Ist auch die Ableitungsfunktion f′ einer Funktion f differenzierbar, so erhält man aus f′ durch Ableiten f″ und spricht von der **zweiten Ableitung** „f zwei Strich“. Allgemein ist die **n-te Ableitung** $f^{(n)}$ von f die Ableitung von $f^{(n-1)}$, falls $f^{(n-1)}$ differenzierbar ist.
Zeichnet man die Graphen von f und f′ in ein Koordinatensystem, so erkennt man:
- Ist die Steigung des Graphen von f positiv, so verläuft der Graph von f′ oberhalb der x-Achse.
- Ist die Steigung des Graphen von f null, schneidet der Graph von f′ die x-Achse.
- Ist die Steigung des Graphen von f negativ, so verläuft der Graph von f′ unterhalb der x-Achse.

Beispiel 1 Graph einer Ableitungsfunktion skizzieren
Skizziere zum Graphen der Funktion f (Fig. 1) den Graphen der Ableitungsfunktion f′ und erläutere dein Vorgehen.
Lösung:
An den Stellen −1, 0 und 1 hat der Graph von f Tangenten, die parallel zur x-Achse verlaufen. Folglich hat f′ hier Nullstellen.
Die Steigung des Graphen von f ist für $x < -1$ sowie zwischen 0 und 1 negativ; der Graph von f′ muss also in diesen beiden Intervallen unterhalb der x-Achse verlaufen. Zwischen −1 und 0 sowie für $x > 1$ ist die Steigung von f positiv; der Graph von f′ muss somit in diesen beiden Intervallen oberhalb der x-Achse verlaufen.

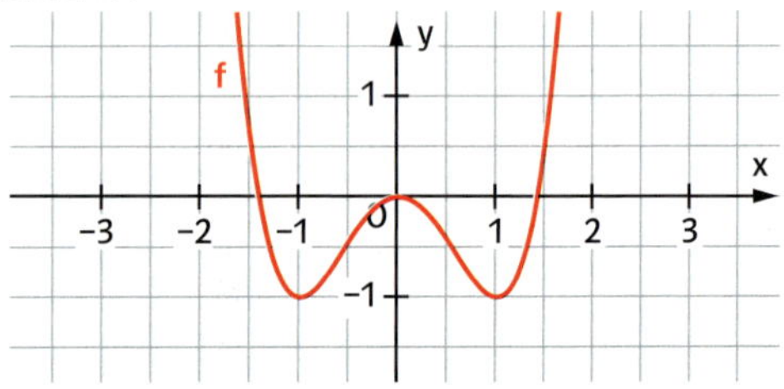

Fig. 1

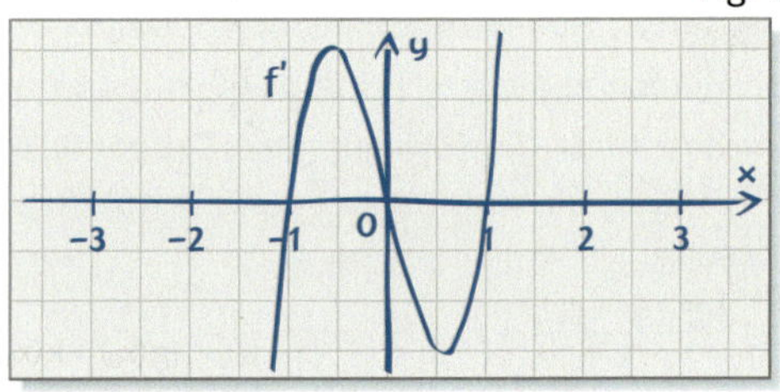

Beispiel 2 Funktionsgleichung einer Ableitungsfunktion bestimmen
Gegeben ist die Funktion f mit $f(x) = -x^2 + 3x$.
a) Bestimme die Funktionsgleichung der zugehörigen Ableitungsfunktion.
b) Berechne f′(2) und f′(−12).
c) Für welches $x \in \mathbb{R}$ ist $f'(x) = 10$?
Lösung:

a) $\frac{f(x_0+h) - f(x_0)}{h} = \frac{-(x_0+h)^2 + 3\cdot(x_0+h) - (-x_0^2 + 3\cdot x_0)}{h} = \frac{-x_0^2 - 2x_0 h - h^2 + 3\cdot x_0 + 3\cdot h + x_0^2 - 3\cdot x_0}{h}$

$= \frac{-2x_0 h - h^2 + 3\cdot h}{h} = \frac{(-2x_0 - h + 3)\cdot h}{h} = -2x_0 - h + 3 \rightarrow -2x_0 + 3$ für $h \rightarrow 0$

Ableitung an der Stelle x_0: $f'(x_0) = -2x_0 + 3$.
Da die Stelle x_0 beliebig gewählt ist, erhält man allgemein: $f'(x) = -2x + 3$.
b) $f'(2) = -2\cdot 2 + 3 = -1$ und $f'(-12) = -2\cdot(-12) + 3 = 27$
c) Aus $f'(x) = 10$ folgt $-2x + 3 = 10$ und damit $x = -3{,}5$.

5 Ableitungsregeln

Potenzregel
Für eine Funktion f mit $f(x) = x^n$, $n \in \mathbb{Q}$ gilt: $f'(x) = n \cdot x^{n-1}$.
Faktorregel
Für die Funktionen f mit $f(x) = r \cdot g(x)$, $r \in \mathbb{R}$, gilt: $f'(x) = r \cdot g'(x)$.
Summenregel
Für die Funktion f mit $f(x) = g(x) + k(x)$ gilt: $f'(x) = g'(x) + k'(x)$.

Die Regeln lassen sich beweisen, indem man die Differenzenquotienten aufstellt und umformt.

Potenzregel (für $n \in \mathbb{N}$)
Multipliziert man die n Faktoren $(x_0 + h)$ im Zähler des Differenzenquotienten $\frac{(x_0 + h)^n - x_0^n}{h}$ aus, so erhält man wie auf dem Rand für $n = 4$ den Summanden x_0^n sowie n-mal den Summanden $h x_0^{n-1}$. Alle weiteren Summanden enthalten mindestens den Faktor h^2. Fasst man diese zu $h^2 \cdot (\ldots)$ mit einem nicht weiter bestimmten Term $(\ldots)$ zusammen, so ergibt sich:
$(x_0 + h)^n = x_0^n + n \cdot h \cdot x_0^{n-1} + h^2 \cdot (\ldots)$.

Für $n = 4$ erhält man:
$(x_0 + h)^4$
$= x_0^4 + 4 h x_0^3$
$+ 6 h^2 x_0^2$
$+ 4 h^3 x_0 + h^4$

Damit gilt für $h \neq 0$:

$$\frac{(x_0 + h)^n - x_0^n}{h} = \frac{x_0^n + n \cdot h \cdot x_0^{n-1} + h^2 \cdot (\ldots) - x_0^n}{h}$$
$$= \frac{n \cdot h \cdot x_0^{n-1} + h^2 \cdot (\ldots)}{h} \quad \text{(Ausklammern von h im Zähler und kürzen)}$$
$$= n \cdot x_0^{n-1} + h \cdot (\ldots)$$

$n \cdot x_0^{n-1} + h \cdot (\ldots) \to n \cdot x_0^{n-1}$ für $h \to 0$.

Die Regel gilt auch für $n \in \mathbb{Q}$, der Nachweis ist allerdings aufwendiger.

Faktorregel

$$\frac{r \cdot g(x_0 + h) - r \cdot g(x_0)}{h} = r \cdot \frac{g(x_0 + h) - g(x_0)}{h}.$$

Für $h \to 0$ gilt: $\frac{g(x_0 + h) - g(x_0)}{h} \to g'(x_0)$, also ist $(r \cdot g(x))' = r \cdot g'(x)$.

Summenregel

$$\frac{f(x_0 + h) - f(x_0)}{h} = \frac{[g(x_0 + h) + k(x_0 + h)] - [g(x_0) + k(x_0)]}{h} = \frac{g(x_0 + h) - g(x_0)}{h} + \frac{k(x_0 + h) - k(x_0)}{h}.$$

Für $h \to 0$ gilt: $\frac{g(x_0 + h) - g(x_0)}{h} \to g'(x_0)$ und $\frac{k(x_0 + h) - k(x_0)}{h} \to k'(x_0)$.
Hieraus folgt $f'(x_0) = g'(x_0) + k'(x_0)$.

Beispiel Ableitungsregeln anwenden
Bestimme die Ableitungsfunktion von f mithilfe geeigneter Ableitungsregeln.
a) f mit $f(x) = x^5$ b) f mit $f(x) = x^3 + x^9$
c) f mit $f(x) = 7x^4$ d) f mit $f(x) = a x^7 + b x^4 - c x^3$
Lösung:
a) $f'(x) = 5x^{5-1} = 5x^4$ *Potenzregel mit $n = 5$*
b) $f'(x) = 3x^2 + 9x^8$ *Summenregel und Potenzregel*
c) $f'(x) = 7 \cdot 4x^3 = 28x^3$ *Faktorregel und Potenzregel*
d) $f'(x) = 7a x^6 + 4b x^3 - 3c x^2$ *a, b und c sind konstante Faktoren. Potenz-, Faktor- und Summenregel.*

Mithilfe der Ableitungsregeln lassen sich ganzrationale Funktionen ableiten.

6 Ableitung der Sinus- und Kosinusfunktion

x	Tangenten-steigung
0	1
$\frac{\pi}{4}$	0,7
$\frac{\pi}{2}$	0
$\frac{3\pi}{4}$	−0,7
…	…

Fig. 1

Zeichnet man an den Stellen $x = 0; \frac{\pi}{4}; \frac{\pi}{2}; \frac{3\pi}{4}; \ldots$ am Graphen der Sinusfunktion Tangenten ein (Fig. 2) und bestimmt näherungsweise deren Steigung (Fig. 1), so erhält man einen Überblick über den Verlauf der Ableitungsfunktion. Trägt man die Werte als Punkte in ein Koordinatensystem ein (Fig. 3), so vermutet man, dass die Ableitung der Sinusfunktion gerade die Kosinusfunktion ist. Der GTR bestätigt diese Vermutung (Fig. 4).

Ein analoges Vorgehen zeigt, dass die Ableitungsfunktion der Kosinusfunktion die Funktion g′ mit $g'(x) = -\sin(x)$ ist (Fig. 5).

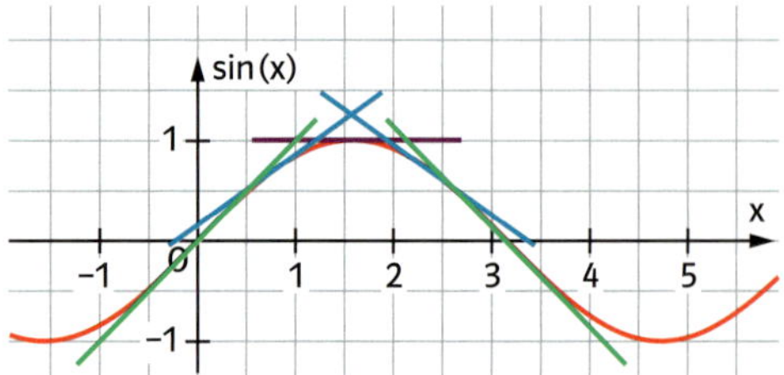

Fig. 2

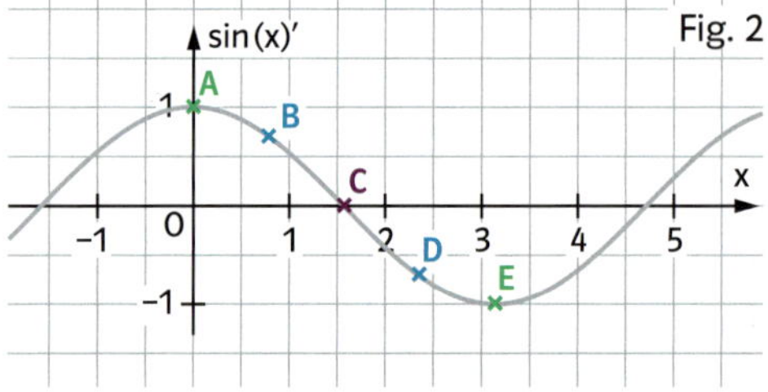

Fig. 3

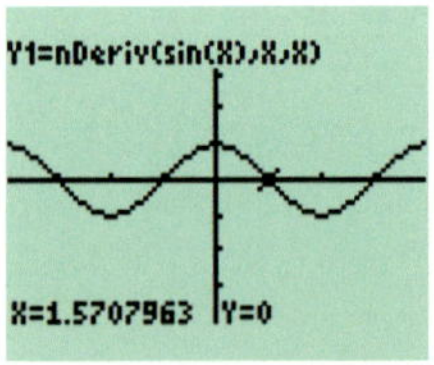

Fig. 4

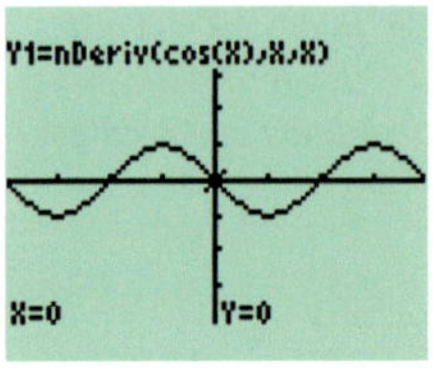

Fig. 5

Für die Sinusfunktion f mit $f(x) = \sin(x)$ gilt: $f'(x) = \cos(x)$.
Für die Kosinusfunktion g mit $g(x) = \cos(x)$ gilt: $g'(x) = -\sin(x)$.

Beispiel 1 Ableitungen bilden
Bestimme zur Sinusfunktion $f: x \to \sin(x)$ die Ableitungen f′, f″, f‴ … Was stellst du fest?
Lösung:
$f'(x) = \cos(x)$, $f''(x) = -\sin(x)$, $f'''(x) = -\cos(x)$,
$f^{(IV)}(x) = -(-\sin(x)) = \sin(x) = f(x)$, $f^{(V)}(x) = f'(x) = \cos(x) \ldots$
Die vierte Ableitung $f^{(IV)}$ stimmt mit der Funktion f überein, die fünfte Ableitung $f^{(V)}$ mit f′ usw.; es ergibt sich $f^{(n+4)}(x) = f^{(n)}(x)$, $n \in \mathbb{N}$.

Die Funktion f selbst kann als 0. Ableitung $f^{(0)}$ aufgefasst werden.

Beispiel 2 Tangentengleichung
Gegeben ist die Funktion f mit $f(x) = \sin(x)$.
a) Ermittle die Gleichung der Tangente in $P\left(\frac{\pi}{4}\middle|\frac{\sqrt{2}}{2}\right)$ an den Graphen von f.
b) Bestimme alle Stellen, an denen der Graph von f eine waagerechte Tangente hat.
Lösung:
a) Ansatz für die Tangentengleichung: $y = m \cdot x + c$.
Ableitung: $f'(x) = \cos(x)$. Steigung der Tangente: $f'\left(\frac{\pi}{4}\right) = \frac{\sqrt{2}}{2}$.
$P\left(\frac{\pi}{4}\middle|\frac{\sqrt{2}}{2}\right)$ und $m = f'\left(\frac{\pi}{4}\right) = \frac{\sqrt{2}}{2}$ in den Ansatz einsetzen: $\frac{\sqrt{2}}{2} = \frac{\sqrt{2}}{2} \cdot \frac{\pi}{4} + c$.
Mit $c = \frac{\sqrt{2}}{2} - \frac{\sqrt{2}}{8} \cdot \pi$ erhält man die Gleichung der Tangente:
$y = \frac{\sqrt{2}}{2} \cdot x + \frac{\sqrt{2}}{2} - \frac{\sqrt{2}}{8} \cdot \pi \approx 0{,}707 \cdot x + 0{,}152$.
b) *Es muss $f'(x) = 0$ gelten.*
$\cos(x) = 0$ für $x = \frac{\pi}{2} + z \cdot \pi$; $z \in \mathbb{Z}$
Der Graph von f besitzt waagerechte Tangenten für $x = \frac{\pi}{2} + z \cdot \pi$, $z \in \mathbb{Z}$.

XIV Funktionsuntersuchungen

1 Charakteristische Punkte eines Funktionsgraphen

Punkte wie A(−2 | 0), B(−0,5 | 0) und C(0 | 1,5) in Fig. 1 heißen **Achsenschnittpunkte**. Der x-Wert eines Schnittpunktes mit der x-Achse heißt **Nullstelle**. Der y-Wert eines Schnittpunktes mit der y-Achse heißt **y-Achsenabschnitt**.
Punkte wie $T_1(x_1 | f(x_1))$ und $T_2(x_2 | f(x_2))$ in Fig. 1 heißen **Tiefpunkte**, da es in einer Umgebung von x_1 bzw. x_2 keine kleineren Funktionswerte als $f(x_1)$ bzw. $f(x_2)$ gibt. Entsprechend heißt $H(x_3 | f(x_3))$ **Hochpunkt**. Hoch- und Tiefpunkte werden auch als

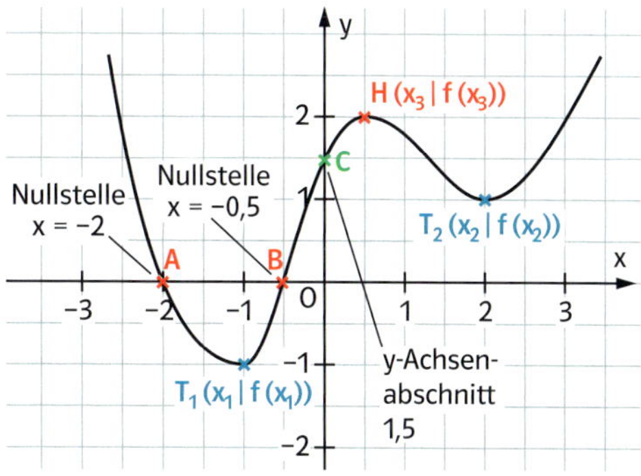

Fig. 1

Extrempunkte bezeichnet. Hierbei werden die x-Koordinaten der Punkte, also x_1, x_2 und x_3, **Extremstellen** genannt, während die y-Koordinaten $f(x_1)$, $f(x_2)$ und $f(x_3)$ **Extremwerte** bzw. **Extrema** genannt werden. Da in der Umgebung der Extremstelle x_1 der Funktionswert $f(x_1)$ der kleinste Wert ist, wird $f(x_1)$ auch als **lokales Minimum** von f bezeichnet. Analog nennt man auch $f(x_2)$ lokales Minimum, wohingegen $f(x_3)$ als **lokales Maximum** von f bezeichnet wird. Die Funktion f besitzt auf ganz ℝ keinen kleineren Funktionswert als $f(x_1)$; $f(x_1)$ wird daher als **globales Minimum** bezeichnet.

Unter einer Umgebung von x_1 versteht man ein gegebenenfalls sehr kleines offenes Intervall, das x_1 enthält.

*Achsenschnittpunkte sowie Hoch- und Tiefpunkte sind **charakteristische Punkte** des Graphen einer Funktion. Beim Skizzieren des Graphen können charakteristische Punkte sowie die Symmetrie und das Verhalten für $x \to \pm\infty$ bzw. x nahe 0 hilfreich sein.*

Beispiel Charakteristische Punkte ablesen und kontrollieren
Lies die charakteristischen Punkte des Graphen von f (Fig. 2) mit $f(x) = \frac{4}{3}x^3 - \frac{99}{25}x$ näherungsweise am Graphen ab. Überprüfe die Nullstellen anschließend rechnerisch und die Extremstellen durch das Einsetzen von x-Werten in der jeweiligen Umgebung der Extremstelle.

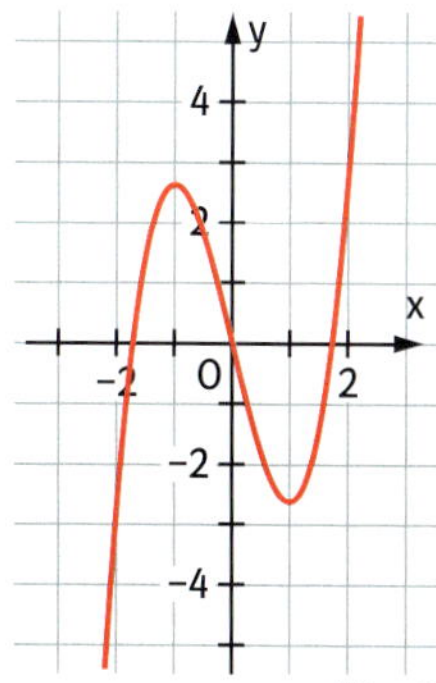

Fig. 2

Lösung:
Charakteristische Punkte durch Ablesen:
Achsenschnittpunkte: (−1,7 | 0), (0 | 0), (1,7 | 0); Nullstellen: $x_1 \approx -1{,}7$; $x_2 \approx 0$; $x_3 \approx 1{,}7$
y-Achsenabschnitt: 0; Hochpunkt H(−1 | 2,6); Tiefpunkt T(1 | −2,6)
Charakteristische Punkte überprüfen:

1. Nullstellen: $f(x) = 0$

$\frac{4}{3}x^3 - \frac{99}{25}x = 0$

$x\left(\frac{4}{3}x^2 - \frac{99}{25}\right) = 0$

Also ist entweder $x = 0$ oder $\frac{4}{3}x^2 - \frac{99}{25} = 0 \quad | + \frac{99}{25}$

$\frac{4}{3}x^2 = \frac{99}{25} \quad | \cdot \frac{3}{4}$

$x^2 = \frac{297}{100} \quad | \sqrt{(\ldots)}$

$\Longrightarrow \quad x = \frac{\sqrt{297}}{10} \approx 1{,}723$ oder $x = -\frac{\sqrt{297}}{10} \approx -1{,}723$

Also stimmen die Nullstellen näherungsweise mit den abgelesenen Nullstellen überein.

2. Hoch- und Tiefpunkt:
Zunächst wird $f(-1)$ berechnet: $f(-1) = \frac{197}{75} \approx 2{,}62667$
Wenn $H\left(-1 \middle| \frac{197}{75}\right)$ ein Hochpunkt des Graphen von f ist, dann ist $y = \frac{197}{75}$ in einer Umgebung von $x = -1$ der größte Funktionswert. Um dies zu überprüfen, werden x-Werte nahe $x = -1$ in den Funktionsterm eingesetzt und es wird geprüft, ob für diese Werte $f(x) < \frac{197}{75}$ gilt.
Man wählt z.B. $f(-1{,}001) \approx 2{,}62662 < 2{,}62667$, $f(-0{,}999) \approx 2{,}62670 > 2{,}62667$, also ist $H\left(-1 \middle| \frac{197}{75}\right)$ nicht der Hochpunkt des Graphen von f, dieser muss etwas weiter rechts liegen. Wegen der Symmetrie ist auch $T\left(1 \middle| -\frac{197}{75}\right)$ kein Tiefpunkt des Graphen von f.

2 Monotonie

*Statt monoton wachsend sagt man auch oft **monoton zunehmend**, statt monoton fallend auch oft **monoton abnehmend**.*

Die Funktion f sei auf einem Intervall I definiert. Wenn für alle x_1, x_2 aus I gilt:

Aus $x_1 < x_2$ folgt $f(x_1) < f(x_2)$, dann heißt f **streng monoton wachsend** in I. Der Graph von f **steigt streng monoton.**	Aus $x_1 < x_2$ folgt $f(x_1) > f(x_2)$, dann heißt f **streng monoton fallend** in I. Der Graph von f **fällt streng monoton.**

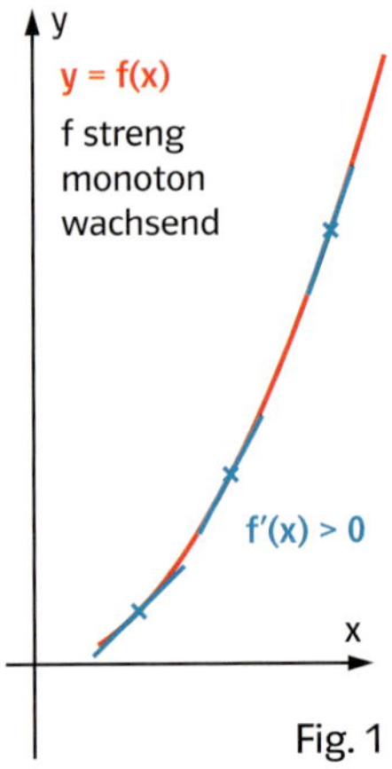

Fig. 1

Gilt statt $f(x_1) < f(x_2)$ bzw. $f(x_1) > f(x_2)$ nur $f(x_1) \leqq f(x_2)$ bzw. $f(x_1) \geqq f(x_2)$, so nennt man f **monoton wachsend** bzw. **monoton fallend** in I.

Ist die Ableitung einer Funktion f in einem Intervall I positiv, so kann die Funktion nur streng monoton wachsend sein (Fig. 1). Analoge Überlegungen gelten für Intervalle, in denen die Ableitung einer Funktion negativ ist. Also lassen sich Monotonieintervalle mithilfe der Ableitung bestimmen.

Monotoniesatz
Die Funktion f sei im Intervall I differenzierbar. Wenn für alle x aus I gilt:

$f'(x) > 0$, dann ist f streng monoton wachsend in I.	$f'(x) < 0$, dann ist f streng monoton fallend in I.

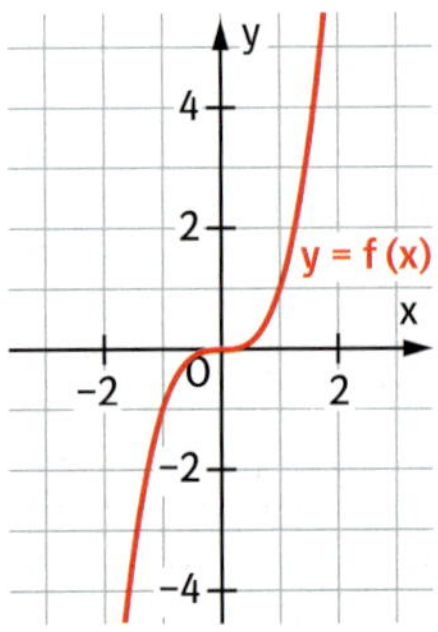

Fig. 2

Da sich die Monotonie nicht auf einen Punkt bezieht, kann man den Rand jeweils zum Intervall hinzunehmen.

Am Graphen der Funktion f mit $f(x) = x^3$ (Fig. 2) erkennt man, dass die Umkehrung des Satzes nicht gilt: Obwohl f eine streng monoton steigende Funktion ist, gilt: $f'(0) = 0$.

Beispiel Untersuchung auf Monotonie
Untersuche die Funktion f mit $f(x) = \frac{1}{3}x^3 - x$ auf Monotonie.
Lösung:
Man bildet die Ableitung von f und untersucht sie auf ihre Vorzeichen.
Ableitung: $f'(x) = x^2 - 1$. Da sich an den Nullstellen der ersten Ableitung das Vorzeichen der ersten Ableitung gegebenenfalls ändert, werden diese bestimmt: Aus $x^2 - 1 = 0$ folgen die Nullstellen von f' $x_1 = -1$ und $x_2 = 1$.
In jedem der Intervalle $(-\infty; -1)$; $(-1; 1)$ und $(1; \infty)$ ist $f'(x)$ entweder negativ oder positiv.
Für jedes der Intervalle wird jeweils ein Testwert bestimmt:
$f'(-2) = 3 > 0$, also $f'(x) > 0$ in $(-\infty; -1)$;
$f'(0) = -1 < 0$, also $f'(x) < 0$ in $(-1; 1)$ und
$f'(2) = 3 > 0$, also $f'(x) > 0$ in $(1; \infty)$.
Die Funktion f ist im Intervall $(-\infty; -1]$ und im Intervall $[1; \infty)$ streng monoton wachsend und im Intervall $[-1; 1]$ streng monoton fallend.
Das Monotonieverhalten von f lässt sich auch direkt aus dem Funktionsterm der ersten Ableitung folgern: $f'(x) = x^2 - 1 = (x + 1)(x - 1)$. Dieser Term ist offensichtlich > 0 für alle $x < -1$ und für alle $x > 1$. Also ist f in diesen Intervallen streng monoton zunehmend. Für $-1 < x < 1$ ist $f'(x)$ offensichtlich < 0, also nimmt f in diesem Intervall streng monoton ab.

3 Hoch- und Tiefpunkte

Links von einem Hochpunkt ist eine Funktion streng monoton wachsend, rechts davon streng monoton fallend. Beim Tiefpunkt ist es umgekehrt.

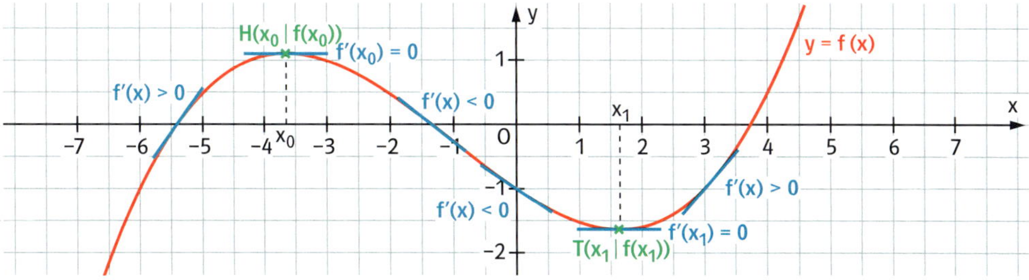

In einem Hoch- oder Tiefpunkt hat der Graph von f eine waagerechte Tangente. Deshalb gilt dort: $f'(x) = 0$.

Bestimmen von lokalen Extrempunkten einer differenzierbaren Funktion f:

1. **Notwendige Bedingung:** Lösungen der Gleichung $f'(x) = 0$ bestimmen, um mögliche Extremstellen zu finden. Diese Bedingung muss immer erfüllt sein.
2. **Hinreichende Bedingung:** Wenn $f'(x_0) = 0$ ist und f' in der Umgebung von x_0 einen Vorzeichenwechsel (VZW) von
   „+" nach „–" hat, dann besitzt f ein lokales Maximum an der Stelle x_0.
   „–" nach „+" hat, dann besitzt f ein lokales Minimum an der Stelle x_0.
   Nach Überprüfung dieser Bedingung (Vorzeichenwechselkriterium) lässt sich eine sichere Aussage darüber machen, ob es sich bei einer Stelle x_0 um eine Extremstelle handelt und welche Art von Extrempunkt vorliegt.
3. **y-Koordinaten der Extrempunkte:** Einsetzen der Extremstellen in f(x).

Ist die Funktion f auf einem Intervall $I = [a; b]$ definiert, untersucht man f zunächst innerhalb von I auf Extrema und betrachtet anschließend die Randwerte f(a) und f(b).

Nicht alle Lösungen der Gleichung $f'(x) = 0$ müssen Extremstellen von f sein. Wenn $f'(x_0) = 0$ ist, f' jedoch keinen Vorzeichenwechsel bei x_0 hat, so hat der Graph von f zwar eine waagerechte Tangente bei x_0, jedoch keinen Hoch- oder Tiefpunkt. Ein solcher Punkt heißt **Sattelpunkt** (Fig. 1).

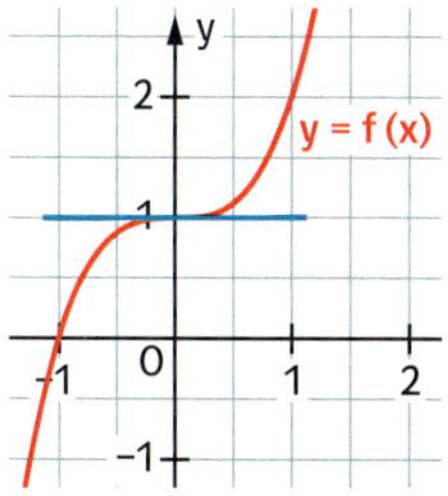

Fig. 1

Beispiel Hoch-, Tief- und Sattelpunkte mithilfe der Ableitung bestimmen
Gegeben ist die Funktion f mit $f(x) = \frac{1}{4}x^4 - \frac{2}{3}x^3$.
a) Bestimme mithilfe der Ableitung die Koordinaten aller Hoch-, Tief- und Sattelpunkte des Graphen von f.
b) Skizziere den Graphen von f und markiere die berechneten Punkte.
Lösung:
a) Ableitung: $f'(x) = x^3 - 2x^2$.
$f'(x) = 0$ ergibt $x^2(x - 2) = 0$; also sind $x_1 = 0$ und $x_2 = 2$ mögliche Extremstellen.
Untersuchung von f' auf Vorzeichenwechsel an der Stelle $x_1 = 0$:

x nahe $x_1 = 0$ und $x < x_1$:	x nahe $x_1 = 0$ und $x > x_1$:
$x^2 > 0$; $(x - 2) < 0$; *also* $x^2 \cdot (x - 2) < 0$	$x^2 > 0$; $(x - 2) < 0$; *also* $x^2 \cdot (x - 2) < 0$

Da kein VZW vorliegt, ist der Punkt $S(0|f(0))$ bzw. $S(0|0)$ ein Sattelpunkt.
Untersuchung von f' auf Vorzeichenwechsel an der Stelle $x_2 = 2$:

f'(x) nahe $x_2 = 2$ und $x < x_2$:	f'(x) nahe $x_2 = 2$ und $x > x_2$:
$x^2 > 0$; $(x - 2) < 0$; *also* $x^2 \cdot (x - 2) < 0$	$x^2 > 0$; $(x - 2) > 0$; *also* $x^2 \cdot (x - 2) > 0$

Da ein VZW von – nach + vorliegt, ist $T(2|f(2))$ bzw. $T\left(2\middle|-\frac{4}{3}\right)$ ein Tiefpunkt.
b) Siehe Fig. 2.

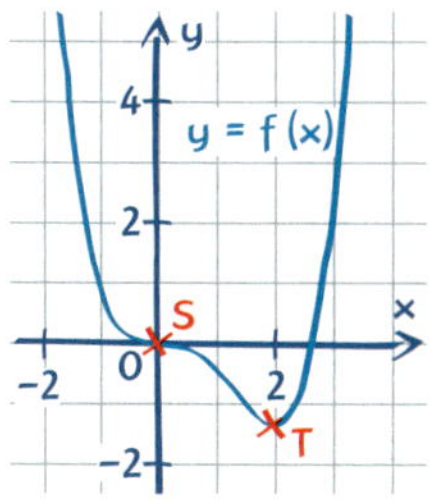

Fig. 2

4 Krümmungsverhalten, Extrem- und Wendepunkte

Die Funktion f ist auf einem Intervall I definiert und sowohl die Funktion f als auch ihre erste Ableitung f′ sind differenzierbar.
Wenn im Intervall I $f''(x) > 0$ gilt, dann ist der Graph von f in I linksgekrümmt.
Wenn im Intervall I $f''(x) < 0$ gilt, dann ist der Graph von f in I rechtsgekrümmt.

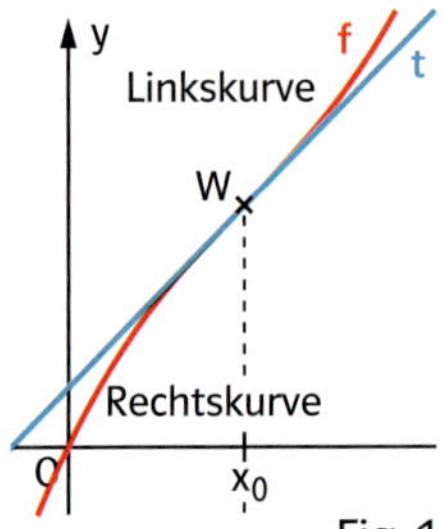

Fig. 1

Eine Stelle x_0, an der der Graph der Funktion f von einer Linkskurve in eine Rechtskurve übergeht oder umgekehrt, heißt **Wendestelle** von f (Fig. 1). Der Punkt $W(x_0 | f(x_0))$ heißt **Wendepunkt**. Die Tangente t in einem Wendepunkt nennt man **Wendetangente**.

$f''(x) > 0$
↓
f′ nimmt streng monoton zu.
↓
Der Graph von f ist linksgekrümmt.

Die Stelle x_0 einer Funktion f ist genau dann eine Wendestelle, wenn gilt:
$f''(x_0) = 0$ und f″ wechselt an der Stelle x_0 das Vorzeichen.

Da sich die Hochpunkte eines Graphen immer im Bereich von Rechtskurven befinden und die Tiefpunkte immer im Bereich von Linkskurven liegen, kann man die Vorzeichenwechselkriterien für Extremstellen und Wendestellen durch Ableitungskriterien ersetzen.

$f''(x) < 0$
↓
f′ nimmt streng monoton ab.
↓
Der Graph von f ist rechtsgekrümmt.

Ableitungskriterium für Extremstellen
Wenn für eine Funktion f an einer Stelle x_0 die Bedingung $\mathbf{f'(x_0) = 0}$ **und** $\mathbf{f''(x_0) \neq 0}$ erfüllt ist, dann ist x_0 eine Extremstelle von f.
Ist $f''(x_0) > 0$, so hat f an der Stelle x_0 ein Minimum.
Ist $f''(x_0) < 0$, so hat f an der Stelle x_0 ein Maximum.

Ableitungskriterium für Wendestellen
Wenn für eine Funktion f an einer Stelle x_0 die Bedingung $\mathbf{f''(x_0) = 0}$ **und** $\mathbf{f'''(x_0) \neq 0}$ erfüllt ist, dann ist x_0 eine Wendestelle von f.

Die Ableitungskriterien sind hinreichend, nicht notwendig.

Beispiel
Bestimme die Extrem- und Wendepunkte des Graphen von $f: x \to -\frac{1}{9}x^4 + \frac{8}{9}x^3 - 2x^2 + 3$.
Skizziere einen möglichen Graphen von f anhand der Ergebnisse.
Lösung:
Ableitungen bis f‴ bilden und die Gleichungen $f'(x) = 0$ und $f''(x) = 0$ lösen.
$f'(x) = -\frac{4}{9}x^3 + \frac{8}{3}x^2 - 4x$; $f''(x) = -\frac{4}{3}x^2 + \frac{16}{3}x - 4$; $f'''(x) = -\frac{8}{3}x + \frac{16}{3}$. Aus $f'(x) = 0$ ergibt sich $-\frac{4}{9}x^3 + \frac{8}{3}x^2 - 4x = -\frac{4}{9}x(x^2 - 6x + 9) = -\frac{4}{9}x(x-3)^2 = 0$. Nullstellen von f′: 0 und 3.
Aus $f''(x) = 0$ erhält man $-\frac{4}{3}x^2 + \frac{16}{3}x - 4 = -\frac{4}{3}(x^2 - 4x + 3) = -\frac{4}{3}(x-1)(x-3) = 0$.
Nullstellen von f″: 1 und 3.
$f''(0)$, $f'''(1)$ und $f'''(3)$ berechnen und deuten, Funktionswerte $f(0)$, $f(1)$ und $f(3)$ berechnen.
$f''(0) = -4 < 0$; $f(0) = 3$ $\quad$ $f'''(1) = \frac{8}{3} \neq 0$; $f(1) = \frac{16}{9}$ $\quad$ $f'''(3) = -\frac{8}{3} \neq 0$; $f(3) = 0$

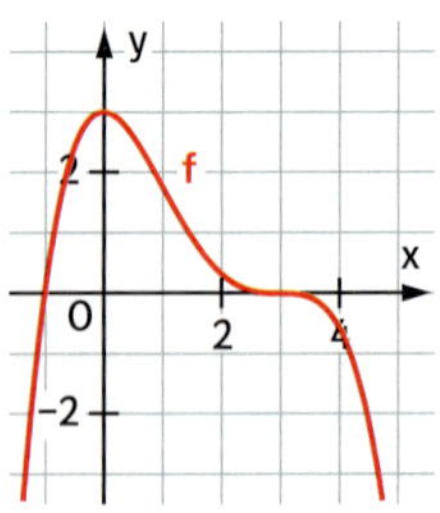

Fig. 2

Der Punkt $H(0|3)$ ist ein Hochpunkt. Der Punkt $W\left(1 \middle| \frac{16}{9}\right)$ ist ein Wendepunkt. Der Punkt $S(3|0)$ ist ein Sattelpunkt.

5 Verhalten eines Graphen für x gegen ± ∞

Für den gesamten Verlauf des Graphen einer Funktion ist es wichtig, auch das Verhalten der Funktionswerte für sehr große und sehr kleine x-Werte zu kennen. Die folgende Wertetabelle zeigt zu den Funktionen f mit $f(x) = 3x^3 - 9x^2 - 120x$ und g mit $g(x) = 3x^3$ Funktionswerte zu großen x-Werten:

x	1	10	100	1000	10 000	100 000
f(x)	−126	900	$\approx 2{,}9 \cdot 10^6$	$\approx 2{,}99 \cdot 10^9$	$\approx 3 \cdot 10^{12}$	$\approx 3 \cdot 10^{15}$
g(x)	3	3000	$3 \cdot 10^6$	$3 \cdot 10^9$	$3 \cdot 10^{12}$	$3 \cdot 10^{15}$

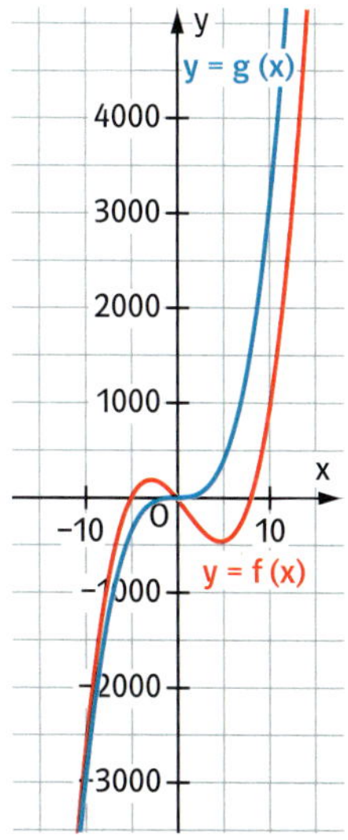

Fig. 1

Die Werte der Tabelle lassen vermuten, dass die Funktionswerte f(x) und g(x) für größer werdende x-Werte immer besser übereinstimmen. Diese Vermutung kann man bestätigen, wenn man den Funktionsterm von f zu einem Produkt umformt:

$$f(x) = 3x^3 - 9x^2 - 120x = 3x^3 \cdot \left(1 - \frac{3}{x} - \frac{40}{x^2}\right) = 3x^3 \cdot (1 - 3x^{-1} - 40x^{-2}) \text{ für } x \neq 0.$$

Beim zweiten Faktor liegen die x-Potenzen mit negativen Exponenten, $3x^{-1}$ und $40x^{-2}$, für sehr große x-Werte nahe bei null. Der Wert des zweiten Faktors $(1 - 3x^{-1} - 40x^{-2})$ ist dann etwa 1. Diese Überlegung gilt auch für sehr kleine x-Werte (wie z. B. $x = -10^5$).
Für sehr große und für sehr kleine x-Werte ist also $f(x) \approx 3x^3 = g(x)$ (siehe Fig. 1).

$x \to \pm\infty$ bedeutet:
$x \to +\infty$ und $x \to -\infty$.

Wenn der Funktionsterm einer Funktion f eine Summe von Potenzfunktionen mit positiven und negativen Exponenten ist, so wird das Verhalten der Funktionswerte von f für $x \to \pm\infty$ durch den Summanden mit der höchsten x-Potenz bestimmt.

Wenn der Funktionsterm einer Funktion f eine Summe von Potenzfunktionen mit negativen Exponenten ist, so gehen die Funktionswerte der Funktion f für $x \to \pm\infty$ gegen null. Die x-Achse heißt dann auch **Asymptote**.

Beispiel Funktionsverhalten für $x \to \pm\infty$
Untersuche das Verhalten der Funktion f für $x \to \pm\infty$.

a) $f(x) = -2x^4 + 15x^2 + 3x$ b) $f(x) = \frac{3}{x^2} - \frac{1}{x}$ c) $f(x) = 3x^{-2} + 5x^3$

Lösung:
a) Da f eine Summe von Potenzfunktionen mit positiven Exponenten ist, wird das Verhalten der Funktionswerte von f für $x \to \pm\infty$ durch den Term $-2x^4$ bestimmt.
Für $x \to \pm\infty$ gilt daher: $f(x) \to -\infty$.
b) Da f mit $f(x) = \frac{3}{x^2} - \frac{1}{x} = 3x^{-2} - x^{-1}$ eine Summe von Potenzfunktionen mit negativen Exponenten ist, gehen die Funktionswerte von f für $x \to \pm\infty$ gegen null.
c) f ist eine Summe von Potenzfunktionen mit positiven und negativen Exponenten. Das Verhalten der Funktionswerte von f für $x \to \pm\infty$ wird durch den Summanden $5x^3$ mit der höchsten x-Potenz bestimmt.
Für $x \to \infty$ gilt: $f(x) \to \infty$.
Für $x \to -\infty$ gilt: $f(x) \to -\infty$.

6 Eine vollständige Funktionsuntersuchung

Mithilfe der Differenzialrechnung kann man charakteristische Eigenschaften von Funktionen und Graphen von Funktionen finden. Die folgende Tabelle enthält eine Zusammenstellung der wichtigsten Eigenschaften sowie die Bedingungen, die dafür erfüllt sein müssen.

Ganzrationale Funktionen
Symmetrie:
- *nur gerade Exponenten von x $\Longrightarrow$ Achsensymmetrie*
- *nur ungerade Exponenten von x $\Longrightarrow$ Punktsymmetrie*

Bedingung	Eigenschaft der Funktion	Eigenschaft des Graphen
$f(-x) = f(x)$	Zu betragsgleichen x-Werten gehören gleiche Funktionswerte.	**Achsensymmetrie** zur y-Achse
$f(-x) = -f(x)$	Zu betragsgleichen x-Werten gehören betragsgleiche Funktionswerte mit verschiedenen Vorzeichen.	**Punktsymmetrie** zum Ursprung
$f(x_0) = 0$	x_0 ist eine **Nullstelle**.	$N(x_0 \mid 0)$ ist ein **Schnittpunkt mit der x-Achse**.
$f(0) = y_0$	y_0 ist der Funktionswert an der Stelle 0.	$P(0 \mid y_0)$ ist der **Schnittpunkt mit der y-Achse**.
$f'(x_0) = 0$ und $f''(x_0) < 0$ oder $f'(x_0) = 0$ und f' hat dort einen Vorzeichenwechsel von „+“ nach „−“	x_0 ist eine **Extremstelle**. $f(x_0)$ ist ein **Maximum**.	$H(x_0 \mid f(x_0))$ ist ein **Hochpunkt**.
$f'(x_0) = 0$ und $f''(x_0) > 0$ oder $f'(x_0) = 0$ und f' hat dort einen Vorzeichenwechsel von „−“ nach „+“	x_0 ist eine **Extremstelle**. $f(x_0)$ ist ein **Minimum**.	$T(x_0 \mid f(x_0))$ ist ein **Tiefpunkt**.
$f''(x_0) = 0$ und $f'''(x_0) \neq 0$ oder $f''(x_0) = 0$ und f'' hat dort einen Vorzeichenwechsel	x_0 ist eine **Wendestelle**.	$W(x_0 \mid f(x_0))$ ist ein **Wendepunkt**.
$f'(x_0) = 0$ und $f''(x_0) = 0$ und $f'''(x_0) \neq 0$ oder $f'(x_0) = 0$ und $f''(x_0) = 0$ und f'' hat dort einen Vorzeichenwechsel	x_0 ist eine Wendestelle mit $f'(x_0) = 0$.	$S(x_0 \mid f(x_0))$ ist ein **Sattelpunkt**.

Achsenschnittpunkte

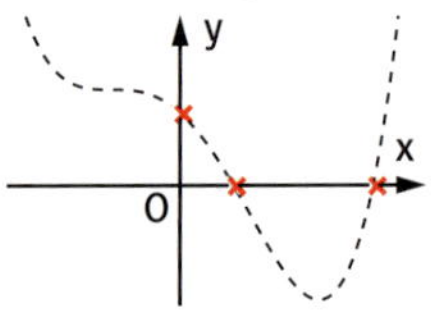

Extrempunkte

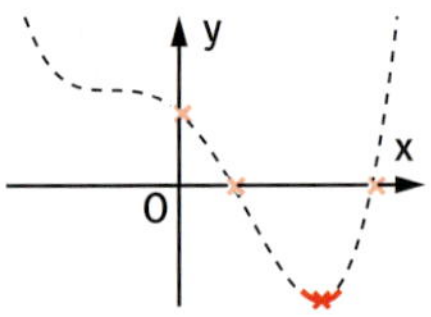

Wendepunkte

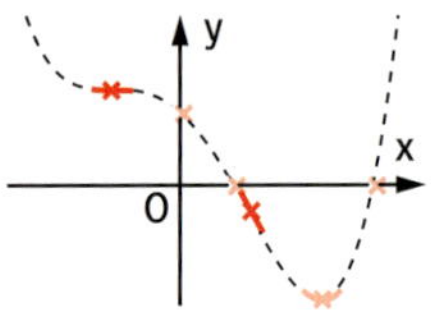

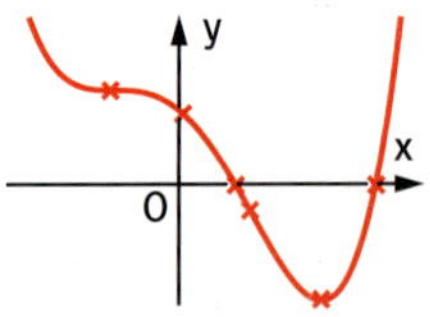

Fig. 1

Wenn man darüber hinaus noch das Verhalten der Funktion für $x \to \pm\infty$ und für x nahe 0 untersucht, ist es oft möglich, den Graphen zu skizzieren, ohne noch weitere Werte berechnen zu müssen (Fig. 1).

Für ganzrationale Funktionen ist für das Verhalten für große und kleine x-Werte der Summand mit der höchsten Potenz entscheidend. Nahe bei 0 wird das Verhalten durch den Summanden mit der kleinsten Potenz bestimmt.

XV Ganzrationale Funktionen als Modell der Wirklichkeit

1 Ganzrationale Funktionen bestimmen

Reale Situationen können oftmals durch funktionale Zusammenhänge beschrieben werden. Dazu ist es notwendig, aus dem Sachverhalt die notwendigen Informationen zu entnehmen und mit deren Hilfe eine geeignete Funktionsgleichung aufzustellen.

Strategie zur Bestimmung einer ganzrationalen Funktion
1. Falls der Grad n nicht vorgegeben ist, überlegen, welchen Grad n die ganzrationale Funktion haben sollte, und die entsprechende Funktionsgleichung mit $n + 1$ Parametern notieren.
2. Aufstellen geeigneter Gleichungen für f, f′ und f″ aus den vorliegenden Informationen. Zur Bestimmung einer Funktion n-ten Grades benötigt man mindestens $n + 1$ Gleichungen.
3. Lösen des linearen Gleichungssystems.
4. Funktionsgleichung notieren und kontrollieren.

Die Kontrolle des Ergebnisses ist wichtig, da man bei gegebenen Extrem- oder Wendestellen nur die notwendige Bedingung verwendet.

Beispiel 1 Symmetrie verwenden
Bestimme eine mögliche Funktionsgleichung zu dem in Fig. 1 dargestellten Graphen.
Lösung:
1. Da der Graph dreimal die x-Achse schneidet und einen Hoch- sowie einen Tiefpunkt besitzt, kann man vermuten, dass der Graph zu einer ganzrationalen Funktion dritten Grades gehört. Man erhält den Ansatz: $f(x) = ax^3 + bx^2 + cx + d$.
2. Der abgebildete Teil des Graphen ist punktsymmetrisch zum Ursprung. Wenn man davon ausgeht, dass der gesamte Graph punktsymmetrisch ist, enthält die Funktionsgleichung nur ungerade Exponenten. Es muss daher $b = 0$ und $d = 0$ gelten. Man erhält also $f(x) = ax^3 + cx$. Die Funktion hat in $H(1|2)$ einen Hochpunkt. Mit $f(x) = ax^3 + cx$ und $f'(x) = 3ax^2 + c$ gilt also: $f(1) = a + c = 2$ und $f'(1) = 3a + c = 0$.
3. Die Lösung des Gleichungssystems ist $a = -1$ und $c = 3$.
4. Mit $f'(x) = -3x^2 + 3$ und $f''(x) = -6x$ erhält man $f'(1) = 0$ und $f''(1) = -6$.
Die oben bestimmte Funktion f hat also tatsächlich bei $x = 1$ einen Hochpunkt.

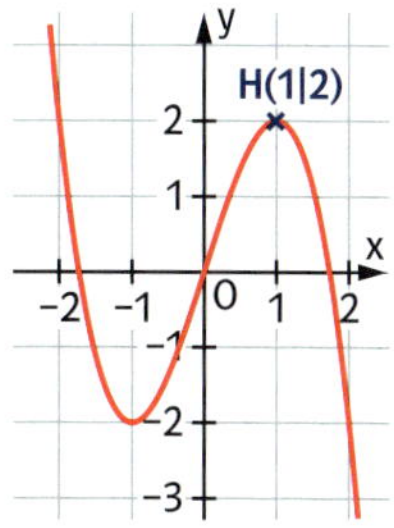

Fig. 1

Beispiel 2
Die Drahtseile einer Überlandleitung haben zwischen zwei Pfosten näherungsweise einen parabelförmigen Verlauf. Die Aufhängepunkte der Stromleitung liegen 200 m voneinander entfernt in einer Höhe von 30 m. Der tiefste Punkt liegt 22 m über dem Erdboden. Bestimme eine Funktionsgleichung.
Lösung:
Das Koordinatensystem wird so gewählt, dass der Ursprung am Boden in der Mitte zwischen den Masten liegt (vgl. Fig. 2). Da ein parabelförmiger Verlauf gegeben ist, ist $f(x) = ax^2 + bx + c$.

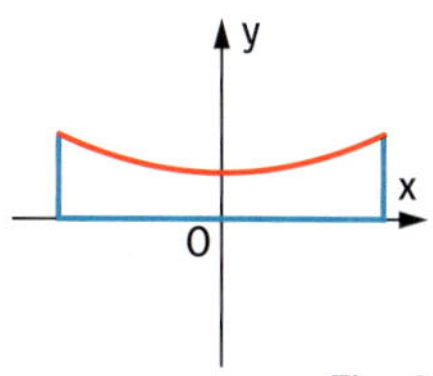

Fig. 2

Textstelle	Bedingung	Gleichung
Aufhängepunkte 200 m voneinander entfernt, Höhe 30 m	$f(100) = 30$ $f(-100) = 30$	$a \cdot 100^2 + b \cdot 100 + c = 30$ $a \cdot (-100)^2 + b \cdot (-100) + c = 30$
tiefster Punkt 22 m über Erdboden	$f(0) = 22$	$a \cdot 0^2 + b \cdot 0 + c = 22$

Lösung des Gleichungssystems: $a = \frac{1}{1250}$, $b = 0$ und $c = 22$
Funktionsgleichung: $f(x) = \frac{1}{1250}x^2 + 22$

2 Extremwertprobleme mit Nebenbedingungen

Strategie für das Lösen von Extremwertproblemen mit Nebenbedingungen
1. Beschreiben der Zielgröße, die extremal werden soll, durch eine Formel. Diese kann mehrere Variablen enthalten.
2. Aufsuchen von Nebenbedingungen, die Abhängigkeiten zwischen den Variablen enthalten.
3. Bestimmen der Zielfunktion, die nur noch von einer Variablen abhängt (welche Variable zweckmäßig ist, zeigt oft erst die Bearbeitung). Angeben des Definitionsbereichs der Zielfunktion.
4. Untersuchen der Zielfunktion auf Extremwerte unter Beachtung der Ränder des Definitionsbereichs. Formulieren des Ergebnisses.

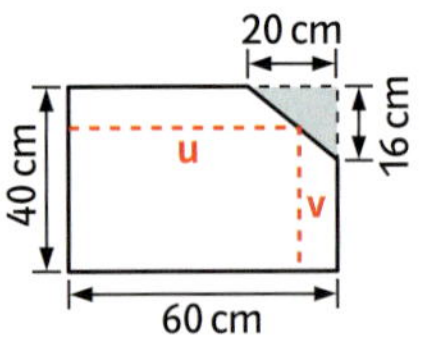

Fig. 1

Beispiel
Fig. 1 zeigt eine Glasplatte, aus der eine Ecke herausgebrochen ist.
Wie lang müssen die in Fig. 1 gezeichneten Schnittlinien u und v sein, wenn man aus dem Rest eine rechteckige Scheibe mit größtmöglichem Flächeninhalt herausschneiden will?
Lösung:
1. *Aufstellen der Zielfunktion:*
$A(u, v) = u \cdot v$.

2. *Formulieren der Nebenbedingung:*
Wird die Glasplatte wie in Fig. 2 in ein Koordinatensystem gelegt, so lässt sich die Bruchkante $\overline{BC}$ als Teil einer Geraden auffassen, auf der der Eckpunkt $P(u|v)$ des gesuchten Rechtecks liegt.
Die Gerade durch die Punkte B und C hat die Gleichung $y = -\frac{4}{5}x + 72$. Für die Koordinaten von P gilt also: $v = -\frac{4}{5}u + 72$ mit $40 \leqq u \leqq 60$.

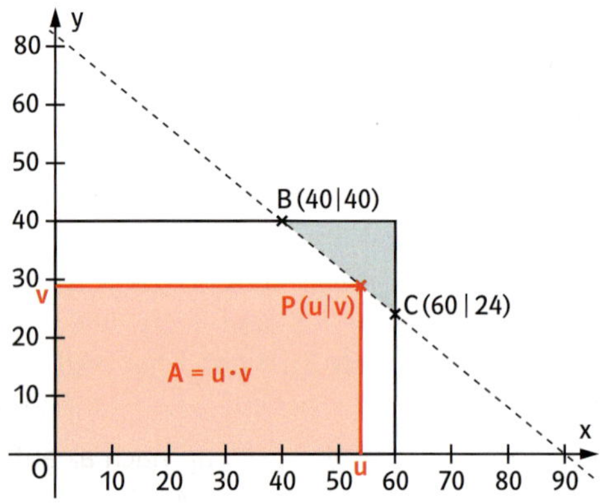

Fig. 2

3. *Einsetzen in die Zielfunktion:*
$A(u) = u\left(-\frac{4}{5}u + 72\right) = -\frac{4}{5}u^2 + 72u$

4. *Untersuchen der Zielfunktion auf Extremwerte und Formulieren des Ergebnisses:*

$A'(u) = -\frac{8}{5}u + 72$ $\quad A''(u) = -\frac{8}{5}$

Notwendige Bedingung: $A'(u_0) = 0 \iff -\frac{8}{5}u_0 + 72 = 0$

$u_0 = 45$

Hinreichende Bedingung: $A'(u_0) = 0$ und $A''(u_0) \neq 0$

$A''(45) = -\frac{8}{5} < 0$

Für $u_0 = 45$ liegt demnach ein Maximum vor. Mit der Nebenbedingung erhält man $v = 36$. Der Flächeninhalt wird also maximal, wenn aus der Glasplatte ein Rechteck mit den Seitenlängen $u = 45\,\text{cm}$ und $v = 36\,\text{cm}$ herausgeschnitten wird. Der Flächeninhalt beträgt dann $A = 45\,\text{cm} \cdot 36\,\text{cm} = 1620\,\text{cm}^2$.

3 Funktionenscharen

Unter einer **Funktionenschar** versteht man unendlich viele Funktionen, die denselben Funktionsterm haben. Dieser enthält mindestens einen frei wählbaren Parameter, den sogenannten **Scharparameter**.
Hat die zu der Funktionenschar gehörende Kurvenschar Punkte mit gleichen Eigenschaften, so liegen diese ihrerseits auf einer Kurve. Diese Kurve heißt **Ortskurve**.

Beispiel 1
Gegeben ist für $a > 0$ die Funktionenschar f_a mit $f_a(x) = x^3 - ax^2$.
a) Welche Parabel der Schar verläuft durch den Punkt $P(1|-1)$?
b) Zeige: Alle Parabeln der Schar verlaufen durch den Ursprung.
c) Bilde die ersten beiden Ableitungen von f_a.
d) Bestimme die Nullstellen der Funktionen und die Extrempunkte der Parabeln der Schar.
e) Auf welcher Kurve liegen alle Tiefpunkte der Funktionenschar?
Lösung:
a) Durch Einsetzen der Koordinaten von P in die Funktionsgleichung erhält man $-1 = 1^3 - a \cdot 1^2$, also $a = 2$. Der Graph von f_2 mit $f_2(x) = x^3 - 2x^2$ verläuft durch $P(1|-1)$.

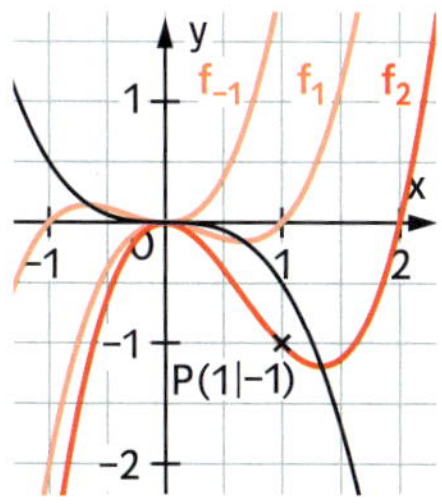

b) Setzt man in der Funktionsgleichung für x den Wert 0 ein, so erhält man $f_a(0) = 0$. Dieser Wert ist unabhängig vom Scharparameter a. Also verlaufen alle Parabeln der Schar durch den Ursprung.
c) $f_a'(x) = 3x^2 - 2ax$
$f_a''(x) = 6x - 2a$
d) Nullstellen: $x^3 - ax^2 = 0 \iff x^2(x - a) = 0$
$x = 0$ oder $x = a$
Extrempunkte: $3x^2 - 2ax = 0 \iff x(3x - 2a) = 0$
$x = 0$ oder $x = \frac{2}{3}a$; $f_a(0) = 0$; $f_a\left(\frac{2}{3}a\right) = -\frac{4}{27}a^3$
$f_a''(0) = -2a < 0$, da $a > 0$, also $H(0|0)$
$f_a''\left(\frac{2}{3}a\right) = 2a > 0$, also $T\left(\frac{2}{3}a \middle| -\frac{4}{27}a^3\right)$
e) Der Tiefpunkt der Scharkurve mit dem Parameter a_0 hat die Koordinaten $x_0 = \frac{2}{3}a_0$ und $y_0 = -\frac{4}{27}a_0^3$. Löst man $x_0 = \frac{2}{3}a_0$ nach a_0 auf, so erhält man $a_0 = \frac{3}{2}x_0$. Durch Einsetzen in $y_0 = -\frac{4}{27}a_0^3$ erhält man $y_0 = -\frac{4}{27} \cdot \frac{27}{8}x_0^3 = -\frac{1}{2}x_0^3$. Alle Tiefpunkte der Kurvenschar liegen auf einer Parabel dritter Ordnung. Ihre Gleichung lautet $y = -\frac{1}{2}x^3$.

Beispiel 2
Aus einem quadratischen Stück Pappe mit der Seitenlänge a cm soll eine oben offene Schachtel hergestellt werden (Fig. 1). Stelle eine Funktionsgleichung zur Berechnung des Volumens auf.

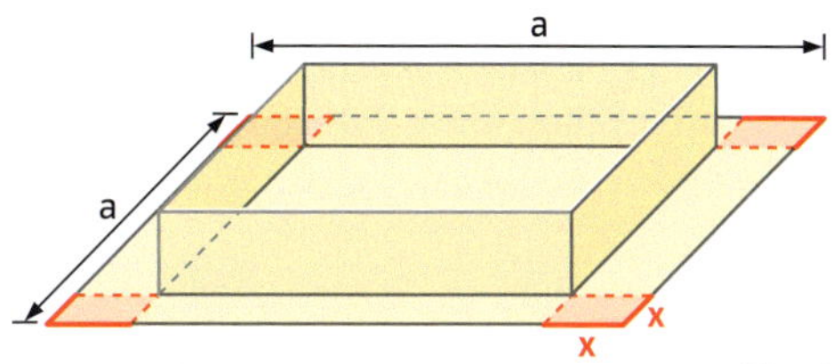

Fig. 1

Lösung:
Die Höhe der Schachtel ist x (in cm). Die Seitenlängen sind $a - 2x$ (in cm).
Damit gilt für das Volumen: $V_a(x) = x(a - 2x)^2 = 4x^3 - 4ax^2 + a^2x$.

XVI Geraden im Raum – Vektoren

1 Punkte im Raum – Vektoren

Sind jeweils zwei Achsen eines Koordinatensystems zueinander senkrecht, so spricht man von einem ***kartesischen Koordinatensystem****.*

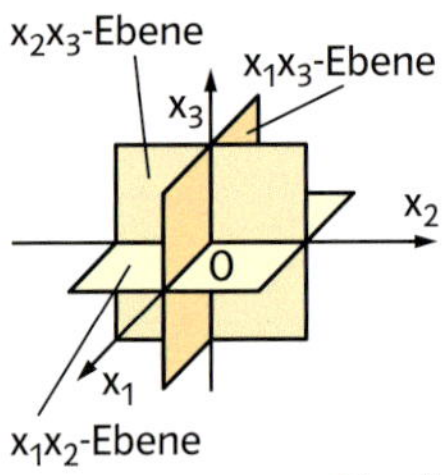

Fig. 1

Bei einem Koordinatensystem mit drei Achsen ist es üblich, dass die x_1-Achse nach vorn, die x_2-Achse nach rechts und die x_3-Achse nach oben zeigt.
Die Lage eines Punktes P gibt man mit seinen drei Koordinaten $(p_1 | p_2 | p_3)$ an.
Dabei gibt p_1 die x_1-Koordinate, p_2 die x_2-Koordinate und p_3 die x_3-Koordinate an.

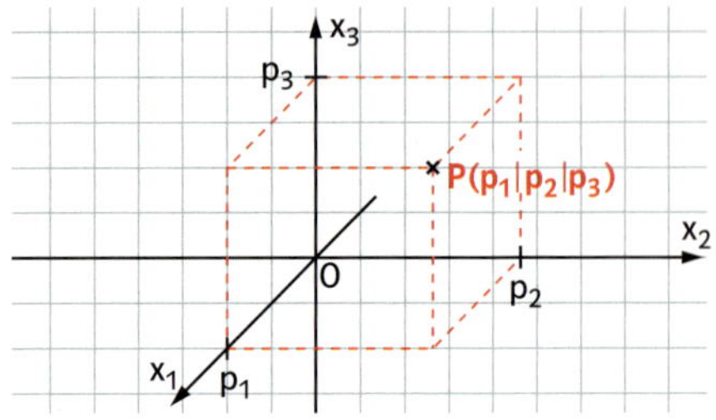

Es gibt drei besondere Ebenen:
- die x_1x_2-Ebene ist durch die x_1-Achse und die x_2-Achse festgelegt.
- die x_2x_3-Ebene ist durch die x_2-Achse und die x_3-Achse festgelegt.
- die x_1x_3-Ebene ist durch die x_1-Achse und die x_3-Achse festgelegt (siehe Fig. 1).

Abstand zweier Punkte
Kennt man die Koordinaten zweier Punkte, so kann man ihren Abstand mithilfe des Satzes von Pythagoras berechnen:

$$\overline{PS} = \sqrt{\overline{RS}^2 + \overline{PR}^2} = \sqrt{(q_1 - p_1)^2 + (q_2 - p_2)^2}$$

$$\overline{PQ} = \sqrt{\overline{PS}^2 + \overline{SQ}^2}$$

$$= \sqrt{\left(\sqrt{(q_1 - p_1)^2 + (q_2 - p_2)^2}\right)^2 + (q_3 - p_3)^2}$$

$$= \sqrt{(q_1 - p_1)^2 + (q_2 - p_2)^2 + (q_3 - p_3)^2}.$$

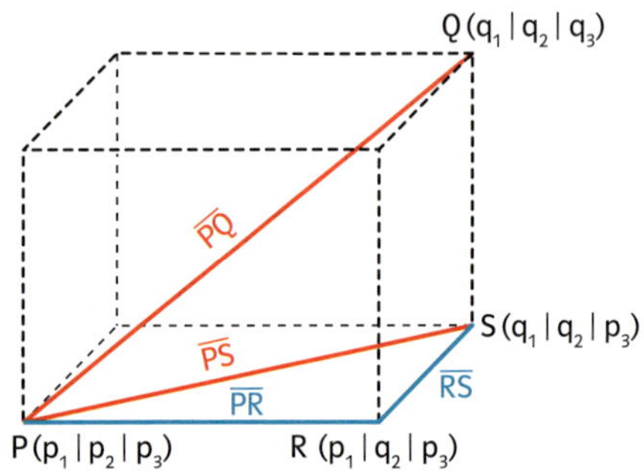

Die Koordinaten eines Vektors $\overrightarrow{AB}$ kann man aus den Koordinaten der Punkte $A(a_1|a_2|a_3)$ und $B(b_1|b_2|b_3)$ bestimmen. Es gilt: $\overrightarrow{AB} = \begin{pmatrix} b_1 - a_1 \\ b_2 - a_2 \\ b_3 - a_3 \end{pmatrix}$.

Der Vektor $\overrightarrow{OP} = \begin{pmatrix} p_1 \\ p_2 \\ p_3 \end{pmatrix}$ heißt **Ortsvektor** des Punktes $P(p_1|p_2|p_3)$.

Beispiel Parallelogramm
a) Sind die Punkte $A(1|2|3)$, $B(3|-2|1)$, $C(2{,}25|-1{,}3|7)$ und $D(0{,}25|2{,}7|9)$ die aufeinanderfolgenden Ecken eines Parallelogramms ABCD?
b) Berechne den Abstand von A und B.
Lösung:
a) *Fig. 2 verdeutlicht, dass es genügt zu überprüfen, ob* $\overrightarrow{AB} = \overrightarrow{DC}$ *(bzw.* $\overrightarrow{AD} = \overrightarrow{BC}$*) gilt.*

$$\overrightarrow{AB} = \begin{pmatrix} 3-1 \\ -2-2 \\ 1-3 \end{pmatrix} = \begin{pmatrix} 2 \\ -4 \\ -2 \end{pmatrix}; \quad \overrightarrow{DC} = \begin{pmatrix} 2{,}25 - 0{,}25 \\ -1{,}3 - 2{,}7 \\ 7 - 9 \end{pmatrix} = \begin{pmatrix} 2 \\ -4 \\ -2 \end{pmatrix}; \quad \overrightarrow{AB} = \overrightarrow{DC}.$$

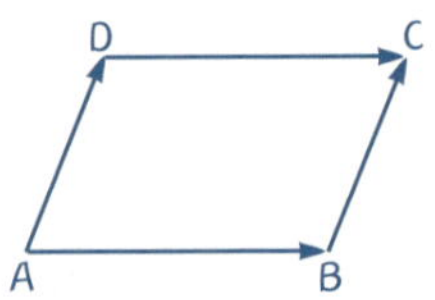

Fig. 2

A, B, C und D sind die Ecken eines Parallelogramms.
b) $\overline{AB} = \sqrt{(3-1)^2 + ((-2)-2)^2 + (1-3)^2} = \sqrt{24} = 2\sqrt{6}$

2 Rechnen mit Vektoren – Geraden

Zu jedem Vektor $\begin{pmatrix} a_1 \\ a_2 \\ a_3 \end{pmatrix}$ gibt es einen **Gegenvektor** $\begin{pmatrix} -a_1 \\ -a_2 \\ -a_3 \end{pmatrix}$. Der Gegenvektor beschreibt den jeweiligen „Rückweg". Den Gegenvektor zu einem Vektor $\vec{a}$ bezeichnet man mit $-\vec{a}$.

Es gilt: $\vec{a} + (-\vec{a}) = \begin{pmatrix} a_1 \\ a_2 \\ a_3 \end{pmatrix} + \begin{pmatrix} -a_1 \\ -a_2 \\ -a_3 \end{pmatrix} = \begin{pmatrix} 0 \\ 0 \\ 0 \end{pmatrix}$. Der Vektor $\begin{pmatrix} 0 \\ 0 \\ 0 \end{pmatrix}$ heißt **Nullvektor** und wird mit $\vec{o}$ bezeichnet. Er ist der einzige Vektor, der nicht mit Pfeilen dargestellt werden kann.

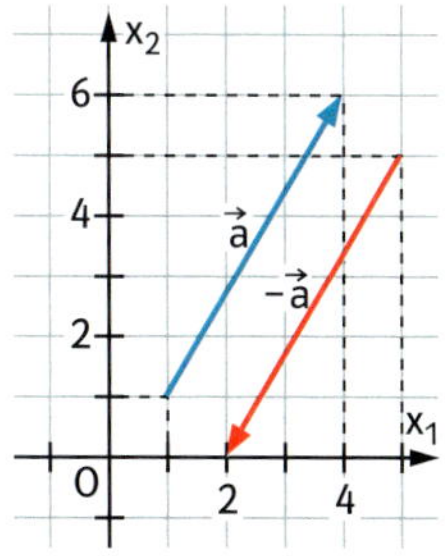

Beachte:
Statt $\vec{a} + (-\vec{b})$ schreibt man kurz $\vec{a} - \vec{b}$.

Für die Addition gilt:
$\vec{a} + \vec{b} = \vec{b} + \vec{a}$
(Kommutativgesetz)
$\vec{a} + (\vec{b} + \vec{c}) = (\vec{a} + \vec{b}) + \vec{c}$
(Assoziativgesetz)

Für die Multiplikation gilt:
$r \cdot (s \cdot \vec{a}) = (r \cdot s) \cdot \vec{a}$ und
(Assoziativgesetz)
$r \cdot (\vec{a} + \vec{b}) = r \cdot \vec{a} + r \cdot \vec{b}$;
$(r + s) \cdot \vec{a} = r \cdot \vec{a} + s \cdot \vec{a}$
(Distributivgesetze)

Für zwei Vektoren $\begin{pmatrix} a_1 \\ a_2 \end{pmatrix}$; $\begin{pmatrix} b_1 \\ b_2 \end{pmatrix}$ bzw. $\begin{pmatrix} a_1 \\ a_2 \\ a_3 \end{pmatrix}$; $\begin{pmatrix} b_1 \\ b_2 \\ b_3 \end{pmatrix}$ und eine reelle Zahl r gilt für

die Summe $\begin{pmatrix} a_1 \\ a_2 \end{pmatrix} + \begin{pmatrix} b_1 \\ b_2 \end{pmatrix} = \begin{pmatrix} a_1 + b_1 \\ a_2 + b_2 \end{pmatrix}$ bzw. $\begin{pmatrix} a_1 \\ a_2 \\ a_3 \end{pmatrix} + \begin{pmatrix} b_1 \\ b_2 \\ b_3 \end{pmatrix} = \begin{pmatrix} a_1 + b_1 \\ a_2 + b_2 \\ a_3 + b_3 \end{pmatrix}$ und

das Produkt $r \cdot \begin{pmatrix} a_1 \\ a_2 \end{pmatrix} = \begin{pmatrix} r \cdot a_1 \\ r \cdot a_2 \end{pmatrix}$ bzw. $r \cdot \begin{pmatrix} a_1 \\ a_2 \\ a_3 \end{pmatrix} = \begin{pmatrix} r \cdot a_1 \\ r \cdot a_2 \\ r \cdot a_3 \end{pmatrix}$.

Einen Ausdruck wie $r \cdot \vec{a} + s \cdot \vec{b} + t \cdot \vec{c}$ nennt man **Linearkombination**.

Mithilfe von Vektoren ist es möglich, Geraden in der Ebene und Geraden im Raum anzugeben (Fig. 1). Jede Gerade lässt sich durch eine Gleichung der Form $\vec{x} = \vec{p} + r \cdot \vec{u}$ $(r \in \mathbb{R})$ beschreiben. Der Vektor $\vec{p}$ heißt **Stützvektor**. Er ist der Ortsvektor zu einem Punkt P, der auf der Geraden g liegt. Der Vektor $\vec{u}$ heißt **Richtungsvektor**.

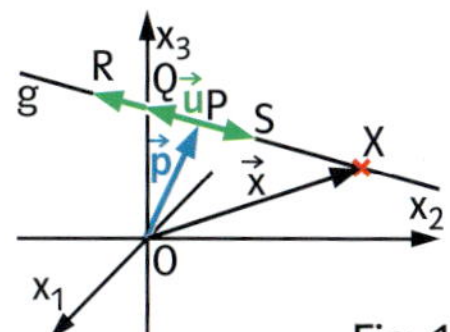

Fig. 1

Beispiel 1 Mittelpunkt einer Strecke
Bestimme den Mittelpunkt M der Strecke $\overline{PQ}$ mit P(2|5) und Q(4|3).
Lösung:
Siehe Fig. 2.
$\overrightarrow{OM} = \overrightarrow{OP} + \frac{1}{2} \cdot \overrightarrow{PQ} = \begin{pmatrix} 2 \\ 5 \end{pmatrix} + \frac{1}{2} \cdot \begin{pmatrix} 4-2 \\ 3-5 \end{pmatrix} = \begin{pmatrix} 2 \\ 5 \end{pmatrix} + \frac{1}{2} \cdot \begin{pmatrix} 2 \\ -2 \end{pmatrix} = \begin{pmatrix} 2 \\ 5 \end{pmatrix} + \begin{pmatrix} 1 \\ -1 \end{pmatrix} = \begin{pmatrix} 3 \\ 4 \end{pmatrix}$
M(3|4) ist der Mittelpunkt der Strecke $\overline{PQ}$.

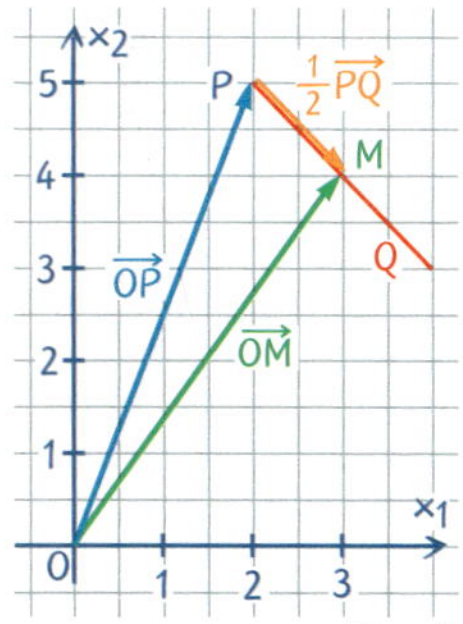

Fig. 2

Beispiel 2 Gerade bestimmen
Die Punkte A(1|−2|5) und B(4|6|−2) liegen auf der Geraden g. Bestimme eine Gleichung für die Gerade g.
Lösung:
Siehe Fig. 3.

Da A auf g liegt, ist der Vektor $\vec{a} = \begin{pmatrix} 1 \\ -2 \\ 5 \end{pmatrix}$ ein möglicher Stützvektor von g.

Da A und B auf g liegen, ist der Vektor $\overrightarrow{AB} = \begin{pmatrix} 4 \\ 6 \\ -2 \end{pmatrix} - \begin{pmatrix} 1 \\ -2 \\ 5 \end{pmatrix} = \begin{pmatrix} 3 \\ 8 \\ -7 \end{pmatrix}$ ein möglicher Richtungsvektor von g.

Man erhält $g: \vec{x} = \begin{pmatrix} 1 \\ -2 \\ 5 \end{pmatrix} + t \cdot \begin{pmatrix} 3 \\ 8 \\ -7 \end{pmatrix}$.

(Es gibt verschiedene Lösungen, die alle dieselbe Gerade darstellen.)

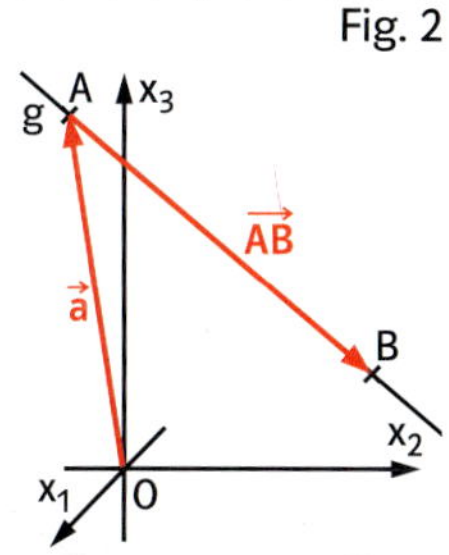

Fig. 3

3 Lage von Geraden

Beachte:
Zwei verschiedene Gleichungen können die gleiche Gerade beschreiben.

Zwei Geraden g und h im Raum können
- sich schneiden. Sie besitzen einen einzigen gemeinsamen Punkt (Fig. 1).
- zueinander parallel sein. Sie besitzen keine gemeinsamen Punkte (Fig. 2).
- zueinander windschief sein. Sie besitzen keine gemeinsamen Punkte und sind nicht zueinander parallel (Fig. 3).

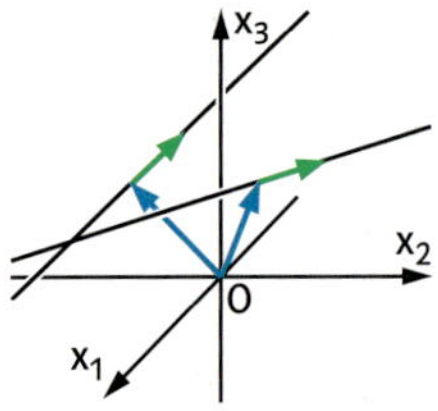

Fig. 1

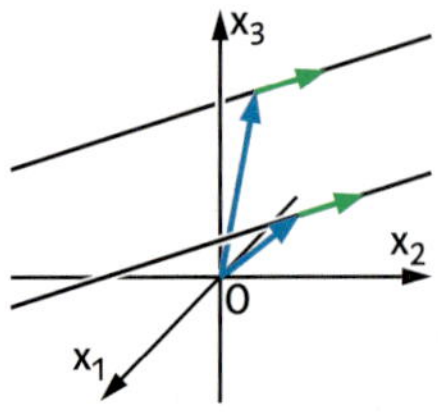

Fig. 2

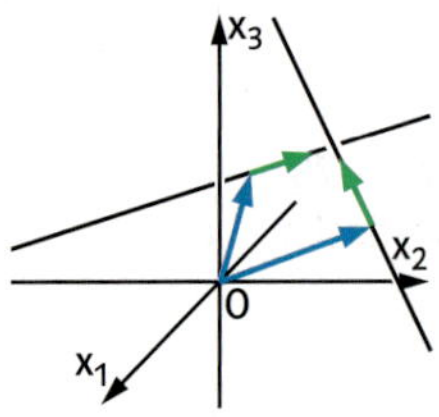

Fig. 3

So kann man die Lage zweier Geraden g: $\vec{x} = \vec{p} + r \cdot \vec{u}$ und h: $\vec{x} = \vec{q} + s \cdot \vec{v}$ bestimmen:

Sind die Richtungsvektoren $\vec{u}$ und $\vec{v}$ zueinander parallel?

- ja → Liegt der Punkt P mit dem Ortsvektor $\vec{p}$ auf der Geraden h?
  - ja → Die zwei Gleichungen beschreiben die ***gleiche*** Gerade.
  - nein → Die Geraden g und h sind zueinander ***parallel***.
- nein → Hat die Gleichung $\vec{p} + r \cdot \vec{u} = \vec{q} + s \cdot \vec{v}$ eine einzige Lösung?
  - ja → Die Geraden g und h ***schneiden*** sich.
  - nein → Die Geraden g und h sind zueinander ***windschief***.

Beispiel
Bestimme die gegenseitige Lage der Geraden g und h.

g: $\vec{x} = \begin{pmatrix} 3 \\ 6 \\ 4 \end{pmatrix} + r \cdot \begin{pmatrix} 4 \\ 8 \\ 2 \end{pmatrix}$; h: $\vec{x} = \begin{pmatrix} 1 \\ 0 \\ 3 \end{pmatrix} + s \cdot \begin{pmatrix} -4 \\ -6 \\ 2 \end{pmatrix}$

Lösung:
1. Schritt: *Vergleiche die Richtungsvektoren.*
Weil $\begin{pmatrix} 4 \\ 8 \\ 2 \end{pmatrix}$ kein Vielfaches von $\begin{pmatrix} -4 \\ -6 \\ 2 \end{pmatrix}$ ist, sind g und h nicht zueinander parallel.

2. Schritt: *Prüfe, ob es einen gemeinsamen Punkt gibt.*
g und h haben einen gemeinsamen Punkt, falls die Gleichung $\begin{pmatrix} 3 \\ 6 \\ 4 \end{pmatrix} + r \cdot \begin{pmatrix} 4 \\ 8 \\ 2 \end{pmatrix} = \begin{pmatrix} 1 \\ 0 \\ 3 \end{pmatrix} + s \cdot \begin{pmatrix} -4 \\ -6 \\ 2 \end{pmatrix}$
bzw. das Gleichungssytem $\begin{matrix} 3 + 4 \cdot r = 1 - 4 \cdot s \\ 6 + 8 \cdot r = -6 \cdot s \\ 4 + 2 \cdot r = 3 + 2 \cdot s \end{matrix}$ eine Lösung besitzt.

Das Gleichungssystem $\begin{matrix} 3 + 4 \cdot r = 1 - 4 \cdot s \\ 6 + 8 \cdot r = -6 \cdot s \end{matrix}$ hat die Lösung $r = -1{,}5$ und $s = 1$. Dies ist jedoch keine Lösung für die dritte Gleichung $4 + 2 \cdot r = 3 + 2 \cdot s$.
Die Geraden g und h sind zueinander windschief.

Register

K

L

M

N

O

P

Q

R